青海省
主要林区锈菌分类及分子系统学研究

◎ 白露超　主编

中国农业科学技术出版社

图书在版编目（CIP）数据

青海省主要林区锈菌分类及分子系统学研究 / 白露超主编. -- 北京：中国农业科学技术出版社，2025.5.
ISBN 978-7-5116-7410-4

Ⅰ.S763.13

中国国家版本馆CIP数据核字第202546S0P3号

责任编辑　李冠桥
责任校对　王　彦
责任印制　姜义伟　王思文

出 版 者	中国农业科学技术出版社
	北京市中关村南大街12号　邮编：100081
电　　话	（010）82106632（编辑室）　（010）82106624（发行部）
	（010）82109709（读者服务部）
网　　址	https://castp.caas.cn
经 销 者	各地新华书店
印 刷 者	北京捷迅佳彩印刷有限公司
开　　本	170 mm×240 mm　1/16
印　　张	8.75
字　　数	163千字
版　　次	2025年5月第1版　2025年5月第1次印刷
定　　价	100.00元

◆版权所有·侵权必究◆

《青海省主要林区锈菌分类及分子系统学研究》

编委会

主　编：白露超

副主编：徐　琪　　曹英泰　　文松卓玛　　阿孝武

参　编：孙万桂　　冬措毛　　韩晓玲　　玉　花
　　　　毛晓宁　　方泰军　　贺凤英

前言

PREFACE

  青海省位于青藏高原东北部，是长江、黄河、澜沧江的发源地，素有"中华水塔"之称。全省近90%的地区属于国家重点生态功能区，承担着我国重要的生态安全和水源涵养责任。青海省地势高峻，平均海拔超过3 000 m，4/5的区域为高原。青海省地势呈现出南北高、中间低的特点，并且从西部到东部逐渐降低。境内有诸多山脉和山系，昆仑山、祁连山、阿尼玛卿山、巴颜喀拉山等高山纵横，西北的柴达木盆地海拔在3 000 m左右，而东部则是青藏高原向黄土高原过渡的地区，地形复杂多样，山脉重叠。

  青海省的水资源丰富，河流纵横，湖泊众多。全省的主要河流包括黄河、长江、澜沧江和内陆河流，河流总长可达3 270 km左右。全省湖泊面积为12 610.5 km^2，其中青海湖作为我国最大的内陆咸水湖，具有极为重要的生态地位和地理意义。

  青海省的气候类型多样，垂直气候带显著变化，这些自然条件为生物多样性的形成提供了极为丰富的生态环境。境内大约有1 100种陆栖脊椎动物，其中鸟类294种、兽类103种，且在全国所占比重分别为1/4和1/3。全省现存69种国家重点保护动物，包括藏羚羊、黑颈鹤、白唇鹿、盘羊、雪豹等珍稀物种。青海省的植物物种库也相当丰富，分布的被子植物2 700余种、蕨类植物20余种、裸子植物30余种，特别是在经济植物方面，青海省的资源非常丰富，涉及糖类油料、药用植物、化工原料等多个领域，提供了丰富的物种资源供人类生产生活所用。此外，青海省还是食用菌类等特种植物的重要产区。

青海省不仅是我国生态安全的重要屏障，也是全球生物多样性保护的重要区域。独特的自然环境和丰富的生物资源使其成为研究和保护高原生态系统的重要区域。

锈菌（*Pucciniales*）隶属于担子菌门（Basidiomycota），柄锈菌纲（Pucciniomycetes），柄锈菌目（Pucciniales），全球共记载锈菌14科，166属，7 000余种。植物被锈菌侵染后，通常表现出比较明显的症状，例如，畸形、簇生、变形、增生或增大等。锈菌的生活史相对特殊，会产生5种不同形态的孢子，具有较为狭窄而特定的寄主范围，通常只能寄生在健康的植物上，对树木、作物、果蔬菜、花卉和牧草等产生严重危害。锈菌引起的病害严重危害林内优势树种和林下植物的生长发育，甚至直接毁坏幼林，减少林木和经济作物的生长量与种实产量，对林业生态系统功能产生严重影响，如松疱锈病、桑赤锈病、青杨叶锈病等。另外，锈菌在森林生态系统中扮演着活体分解者的角色，对于维持森林物质循环和生态平衡至关重要。随着研究发展，全国多地已完成锈菌的系统研究，但并未对青海省地区全面系统地开展过锈菌的调查。本书描述了研究人员采集到的青海省主要林区锈菌的种类，明确其分子系统发育关系，为今后该地区的菌物多样性研究和林木病害防治提供基础资料。

编者团队对青海省黄南藏族自治州（麦秀林区、西卜沙林场、双朋西林场、兰采林场）、玉树藏族自治州（东仲林区、江西林场、勒巴沟林场、白扎林场）、果洛藏族自治州（玛珂河林区、洋玉林区、多柯河林场、友谊桥林场）、海南藏族自治州（贵德县东山林场、西河林场、江拉林场）、海北藏族自治州（仙米林场、祁连县林场）、海东市（雄先林场、夕昌林场、文都林场、道帏林场、峡群林场、西沟林场、杏儿林场、药草台林场、北山林场）、西宁市（西山林场、北山林场、湟水林场、东峡林场、宝库林场、上五庄林场）等林区开展调查采集鉴定工作，运用ITS、LSU两个片段进行分子系统研究，并进行区系分析，鉴定出青海省主要林区锈菌7科、12属、62种和变种，其中包括1个中国新纪录、4个拟定新种，涉及寄主植物27科、54属、87种，10种植物为锈菌寄主新纪录。

由于编者水平有限，加之编写时间紧迫、经验不足，书中难免存在不足之处，敬请专家和读者批评指正。

编　者

2025年3月

目录
CONTENTS

第一部分 总 论

1 青海省主要林区锈菌概述 ·········· 7
   1.1 形态学鉴定结果 ·········· 7
   1.2 青海省主要林区锈菌系统发育分析 ·········· 8
   1.3 青海省主要林区锈菌名录 ·········· 8

2 青海省主要林区锈菌区系分析 ·········· 11
   2.1 物种组成科属特征分析 ·········· 11
   2.2 青海省主要林区锈菌地理成分 ·········· 13
   2.3 青海省主要林区锈菌与邻近地区锈菌区系比较 ·········· 16
   2.4 青海省主要林区锈菌寄主植物生活型分析 ·········· 18
   2.5 青海省不同区域锈菌分析 ·········· 20

第二部分 各 论

3 青海省主要林区锈菌分类 ··· 25
3.1 柄锈菌科 Pucciniaceae ·································· 25
3.2 膨痂锈菌科 Pucciniastraceae ·························· 87
3.3 多胞锈菌科 Phragmidiaceae ··························· 88
3.4 伞锈菌科 Raveneliaceae ······························· 96
3.5 鞘锈菌科 Coleosporiaceae ······························ 97
3.6 栅锈菌科 Melampsoraceae ···························· 103
3.7 查科锈菌科 Chaconiaceae ···························· 114

4 青海省主要林区锈菌系统发育分析 ························· 116
4.1 ITS序列聚类分析 ····································· 116
4.2 LSU序列聚类分析 ···································· 118

参考文献 ··· 121

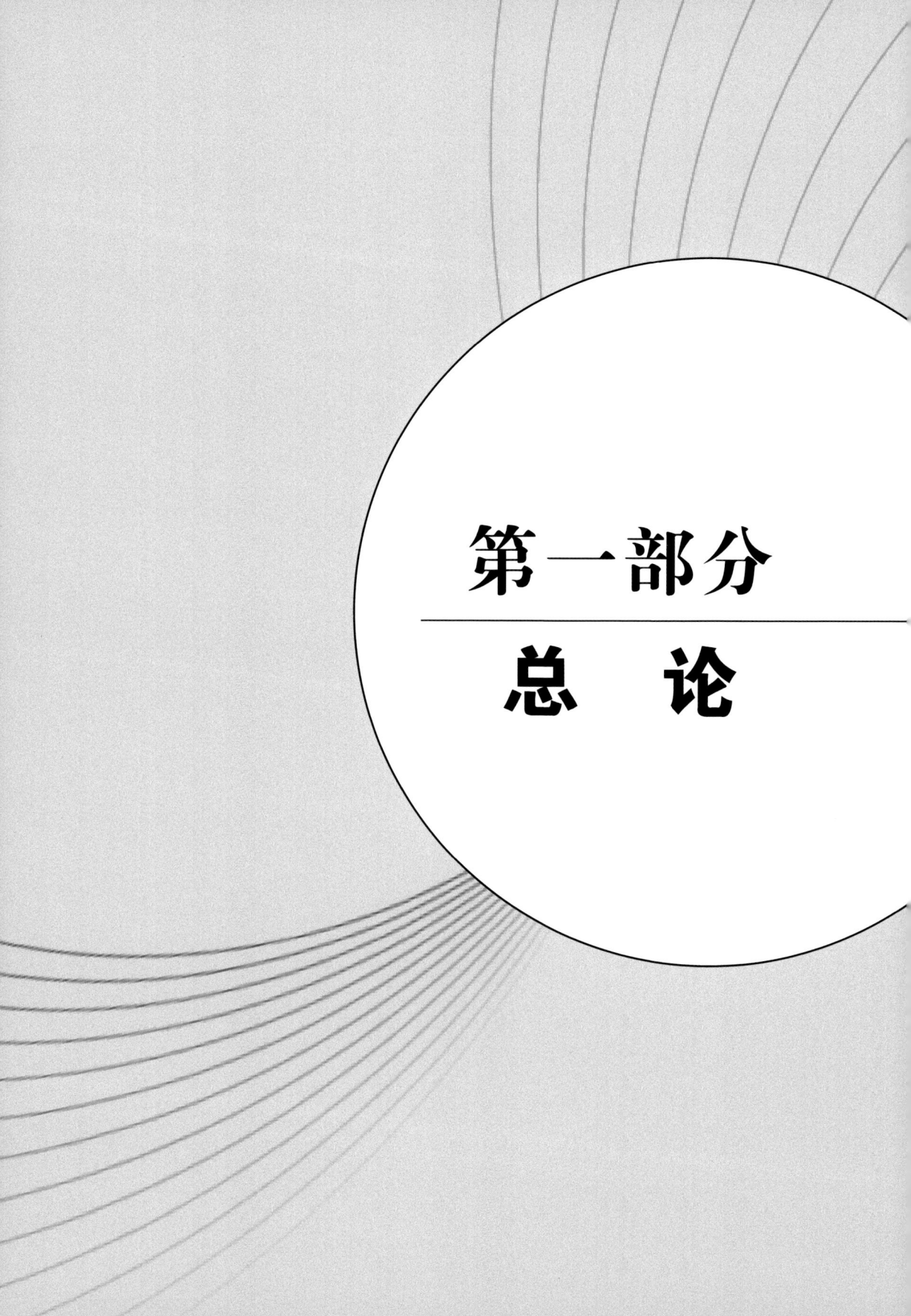

第一部分

总　论

我国对锈菌的最早记录是1881—1893年，Patouillard对来自中国云南的大量植物标本和一些真菌标本进行了研究，发现了两种新的锈菌，绣球春孢锈菌（*Aecidium hydrangeae*）和金钱豹柄锈菌（*Puccinia campanumoeae*）。

20世纪初，对锈菌的研究逐渐演变为基于地域的调查模式，Miyake对长江流域的真菌进行了系统调查，记录了42种锈菌；Miura对东北地区真菌进行了系统调查，报道了70多种中国新纪录锈菌；刘慎谔和王云章报道了华北地区200余种植物锈菌。

20世纪40年代，学者们不仅对中国各地区的锈菌进行了深入研究，还对中国锈菌的多样性进行了综合报道。Hiratsuka对我国的东北地区和台湾省的真菌进行了系统研究，记录东北锈菌19属120余种、台湾省锈菌300余种，并出版书籍《台湾锈菌志》；王云章研究了太白山地区的锈菌，发现该地区锈菌12属55种，1951年，王云章总结了之前关于中国锈菌多样性的研究，编著了《中国锈菌索引》，记载锈菌61属、800余种；邓叔群出版的《中国的真菌》中记录真菌2 400余种，其中记载锈菌新纪录和新种50余种；1979年，戴芳澜编著的《中国真菌总汇》中报道879种锈菌，该书对锈菌的名称、寄主及分布进行了详细说明；1983年，王云章和魏淑霞系统研究了寄生于禾本科植物的锈菌，编著的《中国禾本科植物锈菌分类研究》报道了102种寄生于禾本科植物上的锈菌。

20世纪80年代中期，庄剑云在福建调查并鉴定出锈菌19属150种，在西藏境内调查后，报道锈菌35属209种，后对新疆地区进行调查并鉴定出锈菌11属92种；李滨报道了东北地区254种锈菌；张宁团队报道了大巴山中西部地区的123种锈菌，涵盖了27属；Miyake对长江流域进行调查并报道锈菌42种；Miura报道了东北地区70余种锈菌；刘慎谔和王云章报道了华北地区的202种植物锈菌，包括4个新种；曹支敏和李振岐对秦岭地区的锈菌进行系统调查，并编著《秦岭锈菌》，其中记载了锈菌237种，包括6个新种和17个中国新纪录种。

从19世纪末到21世纪初，庄剑云在前人研究锈菌的基础上，整理编写了《中国真菌志·锈菌目》，详细记录了中国各地自19世纪以来的锈菌命名、寄主和分布情况。该著作涵盖了锈菌的形态学描述，同时总结了我国锈菌研究的历史和现状，已成为真菌学领域的重要参考资料。截至目前，仍有学者在对中国各地区锈菌的种类、寄主以及分布情况进行调查和研究，2020年，刘铁志编著的《内蒙古锈菌志》记载了内蒙古自治区锈菌10科22属250余种，每种锈菌均有详细的形态特征描述、标本引证及手绘附图。

自20世纪70年代以来，随着聚合酶链式反应（PCR）技术、基因测序技术和生物信息学技术的迅速发展，Hebert等学者首次提出了DNA条形码的概念，为真菌分类研究带来了全新的方法，弥补了传统形态分类的缺陷。研究人员开始利用ITS、5.8S、18S、28S、LSU、CoⅠ等序列分析进行锈菌种类的区分和鉴别，如金锈菌属（*Chrysomyxa*）、柱锈菌属（*Cronartium*）、胶锈菌属（*Gymnosporangium*）、栅锈菌属（*Melampsora*）、长栅锈菌属（*Melampsoridium*）、多胞锈菌属（*Phragmidium*）、柄锈菌属（*Puccinia*）、膨痂锈菌属（*Pucciniastrum*）、单胞锈菌属（*Uromyces*）等。

2003年，Maier等首次利用系统发育学的方法对锈菌不同科及属间的关系进行了研究，分析了分属于9个科的52种锈菌的LSU序列，研究发现，大部分属为单系群，但柄锈菌属（*Puccinia*）、膨痂锈菌属（*Pucciniastrum*）、盖痂锈菌属（*Thekopsora*）和单胞锈菌属（*Uromyces*）为多起源属。在科水平上的关系结果并不明确，但整个系统发育树的拓扑结构基本符合1928年Dietel提出的两科系统。2004年，Wingfield等对12个科的64种锈菌SSU序列进行系统发育分析，发现锈孢子阶段寄生在被子植物和裸子植物的锈菌分成了两大分支，支持了早期的两科系统。表明不同锈菌的进化关系与锈孢子阶段的寄主密切相关。之后，Aime基于18S和28S双基因序列构建系统发育树，对13科34属46种锈菌进行分析，确定了形态学上13个科中的8个科，将锈菌目（Uredinales）的分类系统进行重建，分别为鞘锈菌科（Coleosporiaceae）、栅锈菌科（Melampsoraceae）、密锈菌科（Mikronegeriaceae）、层锈菌科（Phakopsoraceae）、多胞锈菌科（Phragmidiaceae）、帽胞锈菌科（Pileolariaceae）、柄锈菌科（Pucciniaceae）、伞锈菌科（Raveneliaceae）的分类地位，链柄锈菌科（Pucciniosiraceae）并入柄锈菌科（Pucciniaceae），膨痂锈菌科（Pucciniastraceae）和柱锈菌科（Cronartiaceae）并入鞘锈菌科（Coleosporiaceae），共基锈菌科（Chaconiaceae）和肥柄锈菌科（Urophyxidaceae）分类地位未定，Aime认为单独依靠形态预测的系统进化并不准确。

近年来，众多学者采用将传统分类学和分子生物学相结合的方法对全国各地的锈菌进行了系统性的研究，并揭示了某些属间及属下种间的分类特征和亲缘关系。游崇娟对中国56种鞘锈菌属（*Gymnosporangium*）的锈菌进行了研究，分别构建了鞘锈菌28S和ITS序列系统发育树，将供试锈菌分为7个28S类群和6个ITS类群，形态学分组与分子系统学类群的划分一致。杨婷对34种广义膨痂锈菌属（*Pucciniastrum*）的锈菌进行了研究，利用28S、ITS和 *EF-1α* 基因片段进行了分子系统学分析，发现膨痂锈菌属的形态学分类可依据夏孢子堆口缘细胞的4种特征，系统发育分析显示这4个类群之间存在不同的进化距离。曹晶对我国15种金锈菌属（*Chrysomyxa*）的锈菌分类学和分子系统学进行了研究，通过构建28S和ITS序列系统发育树，并结合形态学观察结果，发现不同的系统发育分组与不同的锈孢子和夏孢子表面纹饰分组相吻合。曹槟利用ITS、*LSU*、*TEF-1α* 等基因片段对中国胶锈菌属（*Gymonsporangium*）锈菌进行系统分析，结果显示，*TEF-1α* 基因呈现出较高的变异速率，构建的单基因系统发育树与ITS+*LSU*+*TEF-1α* 构建的多序列系统发育树结果一致。因此，*TEF-1α* 基因片段可用于我国胶锈菌属物种的快速分子鉴定。

虽然分子系统学的方法为锈菌分类学的研究带来了革新，提供了更符合自然进化的分类方式，并得到了广泛的认可与使用，但是传统的形态学鉴定依旧是分类工作的根本。新物种的DNA序列分析还是需要依靠对物种形态特征的观测，并且大部分真菌的分类学还是基于形态学的准确鉴定之上的。如果忽视了传统形态学的分类方法，分子分类的应用就会受限。因此，到目前为止，锈菌目的分类体系在各个水平上还不够完善，形态学和系统发育学分析之间的矛盾仍未得到圆满解决，这就需要通过大量的分类学及分子系统学的研究，来深入了解锈菌不同类群之间的关联。

Arthur研究员对美国和加拿大的锈菌进行了广泛研究，是世界上面积最广且首次取得成果的锈菌地域性区系研究。他们的《北美锈菌手册》（*Manual of Rusts in United Stated and Canada*）系统总结了20世纪初期北美地区锈菌区系的研究成果，是锈菌鉴别和分类学的重要参考文献。20世纪70年代，Azbukina深入剖析了俄罗斯远东地区的锈菌区系，记录锈菌530种，揭示了该地区锈菌以东亚成分为主。到了20世纪末，日本研究者出版的《日本锈菌志》（*The Rust Flora of Japan*）成为亚洲植物锈菌区系研究的重要参考资料。同时，Durrieu（1980）、Ono（1990，1992）和Okane（1992）等多位学者对巴基斯坦和尼泊尔的锈菌区系进行了精密研究，为喜马拉雅地区的锈菌区系研究贡献了宝贵资料。

我国学者王云章、魏淑霞共同撰写的《中国禾本科植物锈菌分类研究》是中国锈菌区系研究的开山之作。1979年，戴芳澜《中国真菌总汇》的出版，也标志着中国真菌研究的一个重要进展。湛谟美基于前人工作，从生物地理和生态学角度分析了西藏地区的森林植物锈菌，揭示了喜马拉雅地区锈菌具有北温带特征，并将其分为高原型、温带型和亚热带型3种生态类型。1983年，庄剑云对福建锈菌进行了详细的分类，报道锈菌19属、150种，并指出福建武夷山锈菌区系以温带型为主；地理成分以东亚成分为主占总种数的38.7%，其余成分为世界广布种占总种数的14%，中国特有种占总种数的9.3%；并将中国福建武夷山锈菌区系与邻近地区锈菌区系进行比较，发现与日本和中国台湾的锈菌区系相近。1992年，杨俊秀和田呈明等对秦岭地区森林中的真菌进行了初步的科学考察，发现太白山自然保护区内有37种树木锈菌，这些锈菌主要以温带种类占优势。随后，曹支敏等学者在1997年对这一地区的锈菌多样性进行了更深入的研究，并对锈菌区系进行了分析，表明该地区锈菌主要以中国和日本共有种为主，与东喜马拉雅地区和俄罗斯远东地区的锈菌区系相似。薛煜于1993年根据植物病理学、生态学和细胞学的理论与方法，研究了东北森林不同类型中锈菌的生态分布情况。庄剑云对新疆北部地区的锈菌进行了详细的调查，并发现了92种锈菌，其中包括一个新种，并对新疆阿尔泰、天山地区的锈菌进行了地理特征的分析，初步将天山地区的锈菌划分为8个地理分布型。2019年，刘铁志对内蒙古锈菌进行了研究并进行区系分析，将内蒙古锈菌初步分为10个地理成分，其中以北温带成分为主，占总种数的24.6%，中国特有成分占总种数的7.4%。尽管已有这些研究，但鉴于中国幅员辽阔、气候与植被类型极为多样，全国范围内的锈菌研究还存在不均衡，需要更广泛和深入的研究。

1 青海省主要林区锈菌概述

1.1 形态学鉴定结果

本研究共鉴定出青海省主要林区锈菌7科、12属、62种和变种,其中包括1个中国新纪录种*Hyalopsora adianti-capilli-veneris*,4个拟定新种,涉及寄主植物27科、54属、87种,10种植物为锈菌寄主新纪录(表1-1)。

表1-1 青海省主要林区锈菌数量统计

科(属)	属数	种数
柄锈菌科	4	43
栅锈菌科	1	7
多胞锈菌科	1	4
鞘锈菌科	2	3
金锈菌属	1	2
膨痂锈菌科	1	1
伞锈菌科	1	1
查科锈菌科	1	1
合计	12	62

1.2 青海省主要林区锈菌系统发育分析

基于ITS、LSU两个片段构建ML系统发育树，均将青海省主要林区锈菌分为7科。其中柄锈菌科Pucciniaceae分支较大，由柄锈菌属Puccinia、单胞锈菌属Uromyces交叉聚集成同一分支，胶锈菌属Gymnosporangium分散在另一支持良好的分支中。赭痂锈菌属Ochropsora、花孢锈菌属Nyssopsora并入胶锈菌属Gymnosporangium。明痂锈菌属Hyalopsora、栅锈菌属Melampsora、鞘锈菌属Coleosporium、金锈菌属Chrysomyxa和夏孢锈菌属Uredo聚集成同一大分支。多胞锈菌属Phragmidium锈菌聚集成一分支。

1.3 青海省主要林区锈菌名录

本编目参考《菌物字典》第10版［Dictionary of the Fungi（2008）］，参考Index fungorum数据库和书籍《中国真菌志·锈菌目》《真菌鉴定手册》《真菌字典》等，对62种锈菌进行排列，主要内容包括病状观察及孢子微观形态特征描述、国内外分布、研究标本编号等信息，*为寄主新纪录，**为拟定新种，***为中国新纪录（表1-2）。

表1-2 青海省主要林区锈菌名录

科	属	种
柄锈菌科 Pucciniaceae	柄锈菌属 Puccinia	马格纳斯柄锈菌 Puccinia magnusiana，高粱柄锈菌 Puccinia sorghi，向日葵柄锈菌 Puccinia helianthi，溃疡柄锈菌 Puccinia vomica，花锚柄锈菌 Puccinia haleniae，掌叶大黄柄锈菌 Puccinia rhei-palmati*，隐匿柄锈菌 Puccinia recondita，赛铁线莲柄锈菌 Puccinia atragenes，禾柄锈菌 Puccinia graminis，条形柄锈菌原变种 Puccinia striformis*，薹草柄锈菌 Puccinia caricis，珠芽蓼柄锈菌 Puccinia vivipari，拳参柄锈菌 Puccinia bistortae，鞑靼茜草柄锈菌 Puccinia rubiae-tataricae，龙胆柄锈菌 Puccinia gentianae，头巾状柄锈菌 Puccinia calumnata，狐茅柄锈菌 Puccinia festucae，露珠草柄锈菌 Puccinia circaeae，冠柄锈菌原变种 Puccinia coronata var. coronata*，细叶芹柄锈菌 Puccinia chaerophylli*，茶藨子柄锈菌 Puccinia ribis*，异株薹草柄锈菌 Puccinia dioicae，狼针草柄锈菌 Puccinia stipina，尼泊尔独活柄锈菌 Puccinia heraclei-nepalensis，柄锈菌属 Puccinia sp.（寄主植物：掌叶橐吾 Ligularia przewalskii）**，石生薹草柄锈菌 Puccinia rupestris，蓝药蓼柄锈菌 Puccinia polygoni-cyanandri（Puccinia calcitrapae var. Centaureae），柄锈菌属 Puccinia sp.（寄主植物：小大黄 Rheum pumilum）**，阿嘉菊柄锈菌矢车菊变种（Puccinia cirrhifolium），柄锈菌属 Puccinia sp.（寄主植物：岩生忍冬 Lonicera rupicola），艾菊柄锈菌原变种（Puccinia tanaceti），斑点柄锈菌（Puccinia punctata）***
	罩膜双胞锈菌属 Miyagia	香青草膜双胞锈菌 Miyagia anaphalidis*
	单胞锈菌属 Uromyces	狼毒乌头单胞锈菌 Uromyces lycoctoni，拉伯兰单胞锈菌 Uromyces lapponicus，暗昧岩黄蓍单胞锈菌 Uromyces hedysari-obscuri
	胶锈菌属 Gymnosporangium	角状胶锈菌 Gymnosporangium cornutum，Gymnosporangium pleoporum，黄龙胶锈菌 Gymnosporangium Huanglongense，困惑胶锈菌 Gymnosporangium confusum，山田胶锈菌 Gymnosporangium yamadae，Gymnosporangium annulatum
膨痂锈菌科 Pucciniastraceae	明痂锈菌属 Hyalopsora	Hyalopsora adianti-capilli-veneris***

(续表)

科	属	种
多胞锈菌科 Phragmidiaceae	多胞锈菌属 Phragmidium	安德森多胞锈菌 Phragmidium andersoni、覆盆子多胞锈菌 Phragmidium rubi-idaei、委陵菜多胞锈菌 Phragmidium potentillae、小瘤多胞锈菌 Phragmidium tuberculatum
伞锈菌科 Raveneliaceae	花孢锈菌属 Nyssopsora	亚洲花孢锈菌 Nyssopsora asiatica*
鞘锈菌科 Coleosporiaceae	鞘锈菌属 Coleosporium	马先蒿鞘锈菌 Coleosporium pedicularis、中国鞘锈菌（Coleosporium sinicum）***
	金锈菌属 Chrysomyxa	伏鲁宁金锈菌 Chrysomyxa woroninii*、祁连金锈菌（Chrysomyxa qilianensis）
栅锈菌科 Melampsoraceae	栅锈菌属 Melampsora	石竹小栅锈菌 Melampsorella caryophyllacearum、大戟栅锈菌 Melampsora euphorbiae、白柳栅锈菌 Melampsora salicis-albae、柳叶栅锈菌 Melampsora epitea、落叶松杨栅锈菌 Melampsora larici-populina、狼毒栅锈菌 Melampsora stellerae、草野栅锈菌 Melampsora kusanoi*
查科锈菌科 Chaconiaceae	猢狲锈菌属 Ochropsora	白面子树猢狲锈菌 Ochropsora ariae
	夏孢锈菌属 Uredo	头花杜鹃夏孢锈菌 Uredo rhododendri-capitati

注：*为寄主新纪录；***为拟定新种；***为中国新纪录。

2 青海省主要林区锈菌区系分析

2.1 物种组成科属特征分析

经过对青海省主要林区：黄南藏族自治州（麦秀林区、西卜沙林场、双朋西林场、兰采林场）、玉树藏族自治州（东仲林区、江西林场、勒巴沟林场、白扎林场）、果洛藏族自治州（玛珂河林区、洋玉林区、多柯河林场、友谊桥林场）、海南藏族自治州（贵德县东山林场、西河林场、江拉林场）、海北藏族自治州（仙米林场、祁连县林场）、海东市（雄先林场、夕昌林场、文都林场、道帏林场、峡群林场、西沟林场、杏儿林场、药草台林场、北山林场）、西宁市（西山林场、北山林场、湟水林场、东峡林场、宝库林场、上五庄林场）等地点连续4年的调查采集，鉴定出青海省主要林区锈菌7科、12属、62种和变种，其中包括1个中国新纪录，4个拟定新种，涉及寄主植物27科、54属、87种，10种植物为锈菌寄主新纪录。

青海省主要林区锈菌优势科为柄锈菌科（Pucciniaceae）占锈菌总属数的33.33%、鞘锈菌科（Coleosporiaceae）占总属数的16.67%（表2-1）；优势属为柄锈菌属（*Puccinia*）占总种数的53.22%、栅锈菌属（*Melampsora*）占总种数的11.29%、胶锈菌属（*Gymnosporangium*）占总种数的9.68%。

表2-1 青海省主要林区锈菌科、属、种组成表

科	属数/个	占总属数比例/%	种数/个	占总种数比例/%
柄锈菌科	4	33.33	43	69.35
栅锈菌科	1	8.33	7	11.29
多胞锈菌科	1	8.33	4	6.45
鞘锈菌科	2	16.67	3	4.84

（续表）

科	属数/个	占总属数比例/%	种数/个	占总种数比例/%
金锈菌属	1	8.33	2	3.23
膨痂锈菌科	1	8.33	1	1.61
伞锈菌科	1	8.33	1	1.61
查科锈菌科	1	8.33	1	1.61
合计	12	100	62	100

寄主植物优势科为蔷薇科（Rosaceae）占寄主植物总种数的13.79%、菊科（Asteraceae）占总种数的13.79%、毛茛科（Ranunculaceae）占总种数的8.05%、蓼科（Polygonaceae）占总种数的6.90%、杨柳科（Salicaceae）占总种数的6.90%、小檗科（Berberidaceae）占总种数的5.75%、豆科（Fabaceae）占总种数的5.75%、禾本科（Poaceae）占总种数的4.60%、茶藨子科（Grossulariaceae）占总种数的4.60%、忍冬科（Caprifoliaceae）占总种数的4.60%（表2-2）。

表2-2 青海省主要林区锈菌寄主植物科、属、种组成表

科	属数/个	占总属数比例/%	种数/个	占总种数比例/%
蔷薇科	7	12.96	12	13.79
菊科	9	16.67	12	13.79
毛茛科	5	9.26	7	8.05
蓼科	3	5.56	6	6.90
杨柳科	2	3.70	6	6.90
小檗科	1	1.85	5	5.75
豆科	1	1.85	5	5.75
禾本科	4	7.41	4	4.60
茶藨子科	1	1.85	4	4.60

（续表）

科	属数/个	占总属数比例/%	种数/个	占总种数比例/%
忍冬科	1	1.85	4	4.60
杜鹃花科	1	1.85	3	3.45
龙胆科	2	3.70	2	2.30
伞形科	2	3.70	2	2.30
茜草科	2	3.70	2	2.30
柏科	1	1.85	1	1.15
荨麻科	1	1.85	1	1.15
柳叶菜科	1	1.85	1	1.15
唇形科	1	1.85	1	1.15
凤尾蕨科	1	1.85	1	1.15
五加科	1	1.85	1	1.15
列当科	1	1.85	1	1.15
石竹科	1	1.85	1	1.15
大戟科	1	1.85	1	1.15
瑞香科	1	1.85	1	1.15
金丝桃科	1	1.85	1	1.15
松科	1	1.85	1	1.15
天门冬科	1	1.85	1	1.15
合计	54	100	87	100

2.2 青海省主要林区锈菌地理成分

世界广布种10种，分别为马格纳斯柄锈菌（*Puccinia magnusiana*）、高粱柄锈菌（*Puccinia sorghi*）、向日葵柄锈菌（*Puccinia helianthi*）、

蔬食蓟柄锈菌（*Puccinia cnici-oleracei*）、隐匿柄锈菌（*Puccinia recondita*）、禾柄锈菌（*Puccinia graminis*）、条形柄锈菌原变种（*Puccinia striiformis*）、冠柄锈菌原变种（*Puccinia coronata* var. *coronata*）、艾菊柄锈菌原变种（*Puccinia tanaceti*）、斑点柄锈菌（*Puccinia punctata*）。

北温带广布种18种，分别为薹草柄锈菌（*Puccinia caricis*）、拳参柄锈菌（*Puccinia bistortae*）、龙胆柄锈菌（*Puccinia gentianae*）、露珠草柄锈菌（*Puccinia circaeae*）、茶藨子柄锈菌（*Puccinia ribis*）、阿嘉菊柄锈菌矢车菊变种（*Puccinia calcitrapae* var. *Centaureae*）、狼毒乌头单胞锈菌（*Uromyces lycoctoni*）、暗昧岩黄蓍单胞锈菌（*Uromyces hedysari-obscuri*）、角状胶锈菌（*Gymnosporangium cornutum*）、覆盆子多胞锈菌（*Phragmidium rubi-idaei*）、委陵菜多胞锈菌（*Phragmidium potentillae*）、马先蒿鞘锈菌（*Coleosporium pedicularis*）、石竹小栅锈菌（*Melampsorella caryophyllacearum*）、大戟栅锈菌（*Melampsora euphorbiae*）、白柳栅锈菌（*Melampsora salicisalbae*）、柳叶栅锈菌（*Melampsora epitea*）、狼毒栅锈菌（*Melampsora stellerae*）、伏鲁宁金锈菌（*Chrysomyxa woroninii*）。

欧亚温带广布种6种，分别为赛铁线莲柄锈菌（*Puccinia atragenes*）、细叶芹柄锈菌（*Puccinia chaerophylli*）、狼针草柄锈菌（*Puccinia stipina*）、困惑胶锈菌（*Gymnosporangium confusum*）、安德森多胞锈菌（*Phragmidium andersoni*）、小瘤多胞锈菌（*Phragmidium tuberculatum*）。

北半球寒、温带广布种1种，为拉伯兰单胞锈菌（*Uromyces lapponicus*）。

中欧成分3种，分别为石生薹草柄锈菌（*Puccinia rupestris*）、*Hyalopsora adianti-capilli-veneris*、白面子树赭痂锈菌（*Ochropsora ariae*）。

东亚成分8种，分别为溃疡柄锈菌（*Puccinia vomica*）、鞑靼茜草柄锈菌（*Puccinia rubiae-tataricae*）、头巾状柄锈菌（*Puccinia calumnata*）、香青罩膜双胞锈菌（*Miyagia anaphalidis*）、山田胶锈菌（*Gymnosporangium yamadae*）、亚洲花孢锈菌（*Nyssopsora asiatica*）、落叶松杨栅锈菌（*Melampsora larici-populina*）、草野栅锈菌（*Melampsora kusanoi*）。

中亚成分3种，分别为花锚柄锈菌（*Puccinia haleniae*）、狐茅柄锈菌（*Puccinia festucae*）、异株薹草柄锈菌（*Puccinia dioicae*）。

中南亚成分1种，为尼泊尔独活柄锈菌（*Puccinia heraclei-nepalensis*）。

中国特有种13种，分别为掌叶大黄柄锈菌（*Puccinia* rhei-*palmati*）、珠芽蓼柄锈菌（*Puccinia vivipari*）、柄锈菌属（*Puccinia* sp.）（寄主植物为掌叶橐吾）、蓝药蓼柄锈菌（*Puccinia polygoni-cyanandri*）、柄锈菌属（*Puccinia* sp.）（寄主植物为小大黄）、柄锈菌属（*Puccinia* sp.）（寄主植物为卷叶黄精）、柄锈菌属（*Puccinia* sp.）（寄主植物为岩生忍冬）、黄龙胶锈菌（*Gymnosporangium Huanglongense*）、困惑胶锈菌（*Gymnosporangium confusum*）、*Gymnosporangium annulatum*、头花杜鹃夏孢锈菌（*Uredo rhododendri-capitati*）、中国鞘锈菌（*Coleosporium sinicum*）、祁连金锈菌（*Chrysomyxa qilianensis*）。

据图2-1分析，青海省主要林区锈菌以北温带广布种为主，共18种，占总种数的29.03%；其次为中国特有种13种，占总种数的20.97%；世界广布种9种，占总种数的14.52%；东亚成分8种，占总种数的12.9%；欧亚温带广布种6种，占总种数的9.68%；中欧成分3种，占总种数的4.84%；中亚成分3种，占总种数的4.84%；北半球寒、温带广布1种，占总种数的1.61%；中南亚成分1种，占总种数的1.61%。

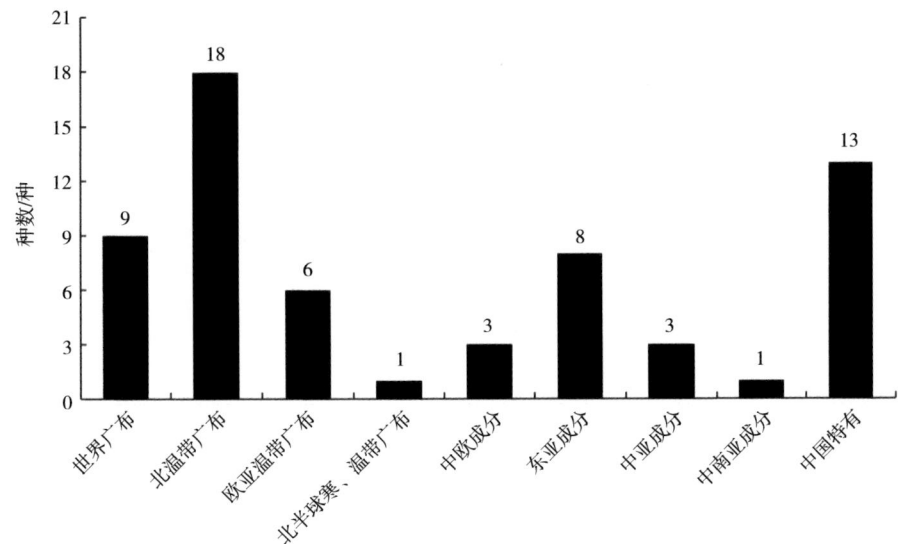

图2-1　青海省主要林区锈菌地理成分分析

2.3 青海省主要林区锈菌与邻近地区锈菌区系比较

为明确青海省主要林区锈菌区系的地理成分,将该地区锈菌与毗邻地区锈菌列表以作比较(表2-3)。青海省主要林区锈菌区系的地理成分与内蒙古自治区、甘肃省、西藏自治区有较高的相似性,相似性系数分别为49.6、45.9和41.6,与秦岭、新疆阿勒泰、吉林有一定的相似性,相似性系数分别为38.2、24.6和13.3。海南锈菌区系与青海省地区差别甚大,仅为2。

表2-3 青海省主要林区锈菌区系与毗邻地区比较

锈菌种名	青海	内蒙古	甘肃	西藏	秦岭	新疆阿勒泰	吉林	海南
Puccinia magnusiana	+	+	−	−	+	−	+	−
P. sorghi	+	+	+	+	+	−	−	+
P. helianthi	+	+	+	−	+	−	+	−
P. cnici-oleracei	+	+	+	+	+	+	+	−
P. vomica	+	+	+	+	+	−	−	−
P. haleniae	+	+	+	+	+	−	−	−
P. rhei-palmati	+	+	−	+	−	−	−	−
P. recondita	+	+	+	+	+	−	+	−
P. atragenes	+	+	−	+	−	−	−	−
P. graminis	+	+	+	+	+	+	+	−
P. striiformis	+	+	+	+	+	+	+	−
P. caricis	+	+	+	+	+	−	+	−
P. vivipari	+	−	+	−	−	−	−	−
P. bistortae	+	+	+	+	−	−	+	−
P. rubiae-tataricae	+	−	−	+	−	−	−	−
P. gentianae	+	+	+	−	−	−	−	−
P. calumnata	+	+	+	−	−	−	−	−
P. festucae	+	+	+	−	−	+	−	−
P. circaeae	+	−	−	−	−	−	+	−
P. coronata var. *coronata*	+	+	+	+	+	−	−	+
P. chaerophylli	+	−	−	−	−	−	−	−

(续表)

锈菌种名	青海	内蒙古	甘肃	西藏	秦岭	新疆阿勒泰	吉林	海南
P. ribis	+	-	-	+	+	+	-	-
P. dioicae	+	+	-	-	-	+	+	-
P. stipina	+	+	-	-	-	-	-	-
P. heraclei-nepalensis	+	-	-	+	-	-	-	-
Puccinia sp.（掌叶橐吾）	+	-	-	-	-	-	-	-
P. rupestris	+	+	-	-	-	-	+	-
P. polygoni-cyanandri	+	-	+	-	-	-	-	-
Puccinia sp.（小大黄）	+	-	-	-	-	-	-	-
P. calcitrapae var. *Centaureae*	+	-	-	-	-	-	-	-
Puccinia sp.（卷叶黄精）	+	-	-	-	-	-	-	-
Puccinia sp.（岩生忍冬）	+	-	-	-	-	-	-	-
P. tanaceti	+	+	+	+	-	+	+	-
P. punctata	+	+	+	-	-	+	+	-
Miyagia anaphalidis	+	-	+	+	+	-	-	-
Uromyces lycoctoni	+	-	-	-	+	-	-	-
U. lapponicus	+	-	+	+	+	+	-	-
U. hedysari-obscuri	+	+	-	+	+	-	-	-
Gymnosporangium cornutum	+	+	-	-	-	-	-	-
G. pleoporum	+	-	-	-	-	-	-	-
G. Huanglongense	+	-	-	-	-	-	-	-
G. confusum	+	-	-	+	+	-	-	-
G. yamadae	+	+	+	-	+	-	+	-
G. annulatum	+	-	+	-	-	-	-	-
Hyalopsora adianti-capilli-veneris	+	-	-	-	-	-	-	-
Phragmidium andersoni	+	+	+	+	-	+	-	-
P. rubi-idaei	+	+	+	-	+	-	-	-
P. potentillae	+	+	+	+	+	+	+	-
P. tuberculatum	+	-	+	+	-	-	-	-

（续表）

锈菌种名	青海	内蒙古	甘肃	西藏	秦岭	新疆阿勒泰	吉林	海南
Nyssopsora asiatica	+	−	+	−	−	−	−	−
Coleosporium pedicularis	+	+	−	+	+	−	−	−
C. sinicum	+	−	−	−	−	−	−	−
Melampsorella caryophyllacearum	+	−	+	−	−	+	−	−
M. euphorbiae	+	+	+	+	+	+	+	−
M. salicis-albae	+	−	+	−	−	−	−	−
M. epitea	+	+	+	−	+	−	−	−
M. larici-populina	+	+	−	+	+	+	+	−
M. stellerae	+	+	+	+	−	−	−	−
M. kusanoi	+	−	−	+	−	−	−	−
Chrysomyxa woroninii	+	−	−	−	−	−	−	−
C. qilianensis	+	−	−	−	−	−	−	−
Uredo rhododendri-capitati	+	−	−	−	+	−	−	−
Ochropsora ariae	+	−	−	−	−	+	−	−
相似系数	100	49.6	45.9	41.6	38.2	24.6	13.3	2.0

注：+表示该物种在该地区有分布；−表示该物种在该地区无分布。

2.4 青海省主要林区锈菌寄主植物生活型分析

2.4.1 草本植物

白花枝子花（*Dracocephalum heterophyllum*）、甘青大戟（*Euphorbia micractina*）、宽叶岩黄芪（*Hedysarum polybotrys* var. *alaschanicum*）、黄芪（*Astragalus membranaceus*）、锡金岩黄芪（*Hedysarum sikkimense*）、*Astragalus* sp.、铁线蕨（*Adiantum capillus-veneris*）、芦苇（*Phragmites australis*）、玉蜀黍（*Zea mays*）、冰草（*Agropyron cristatum*）、赖草（*Leymus secalinus*）、突脉金丝桃（*Hypericum przewalskii*）、向日葵（*Helianthus annuus*）、柳叶菜风毛菊（*Saussurea epilobioides*）、蒲公英（*Taraxacum mongolicum*）、掌叶橐吾（*Ligularia przewalskii*）、*Saussurea* sp.、乳白香青（*Anaphalis lactea*）、淡黄香青（*Anaphalis flavescens*）、珠芽蓼（*Bistorta vivipara*）、叉分蓼（*Koenigia divaricata*）、蓝药蓼（*Koenigia cyanandra*）、小大黄（*Rheum pumilum*）、鸡爪大黄（*Rheum tanguticum*）、中国马先蒿（*Pedicularis croizatiana*）、高山露珠草（*Circaea alpina*）、卵萼花锚（*Halenia elliptica*）、麻花艽（*Gentiana straminea*）、耧斗菜（*Aquilegia viridiflora*）、高山唐松草（*Thalictrum alpinum*）、唐松草（*Thalictrum aquilegiifolium* var. *sibiricum*）、长花铁线莲（*Clematis rehderiana*）、铁线莲（*Clematis florida*）、草玉梅（*Anemone rivularis*）、高乌头（*Aconitum sinomontanum*）、茜草（*Rubia cordifolia*）、钉柱委陵菜（*Potentilla saundersiana*）、多裂委陵菜（*Potentilla multifida*）、狼毒（*Stellera chamaejasme*）、峨参（*Anthriscus sylvestris*）、白亮独活（*Heracleum candicans*）、繁缕（*Stellaria media*）、三角叶荨麻（*Urtica triangularis*）、蓬子菜（*Galium verum*）、黄花蒿（*Artemisia annua*）、紫花野菊（*Chrysanthemum zawadzkii*）、卷叶黄精（*Polygonatum cirrhifolium*）、刺儿菜（*Cirsium arvense* var. *Integrifolium*）、红花（*Carthamus tinctorius*）。

2.4.2 灌木

冰川茶藨子（*Ribes glaciale*）、糖茶藨子（*Ribes himalense*）、长果茶藨子（*Ribes stenocarpum*）、茶藨子（*Ribes qingzangense*）、千里香杜鹃（*Rhododendron thymifolium*）、头花杜鹃（*Rhododendron capitatum*）、陕甘花楸（*Sorbus koehneana*）、灰栒子（*Cotoneaster acutifolius*）、匍匐栒子（*Cotoneaster adpressus*）、水栒子（*Cotoneaster multiflorus*）、金露梅（*Dasiphora fruticosa*）、库页悬钩子（*Rubus sachalinensis*）、峨眉蔷薇（*Rosa omeiensis*）、陕西蔷薇（*Rosa giraldii*）、蔷薇（*Rosa* sp.）、忍冬（*Lonicera* sp.）、刚毛忍冬（*Lonicera hispida*）、唐古特忍冬（*Lonicera tangutica*）、狭叶五加（*Eleutherococcus wilsonii*）、直穗小檗（*Berberis dasystachya*）、细叶小檗（*Berberis poiretii*）、鲜黄小檗（*Berberis diaphana*）、欧洲小檗（*Berberis vulgaris*）、秦岭小檗（*Berberis circumserrata*）、陇蜀杜鹃（*Rhododendron przewalskii*）、蚂蚱腿子（*Pertya dioica*）、岩生忍冬（*Lonicera rupicola*）。

2.4.3 乔木

祁连圆柏（*Juniperus przewalskii*）、梨（*Pyrus* sp.）、青海云杉（*Picea crassifolia*）、青杨（*Populus cathayana*）、旱柳（*Salix matsudana*）、山生柳（*Salix oritrepha*）、中国黄花柳（*Salix sinica*）、康定柳（*Salix paraplesia*）。

按照《中国植物志》分类方法，将青海省主要林区锈菌寄主植物按照生活型大致分为三大类，分别为乔木、灌木、草本植物，其中以草本植物占优势，共18科33属50种，占总种数的57.47%；灌木共7科12属27种，占总种数的31.03%；乔木共4科5属10种，占总种数的11.49%，见表2-4。观察发现，寄生于乔木层植被的锈菌共3科3属6种，其中栅锈菌属（*Melampsora*）种类最多，为害杨柳科（Salicaceae）植物；寄生于灌木层植被的锈菌共4科5属17种，其中以胶锈菌属（*Gymnosporangium*）种类最多，为害蔷薇科（Rosaceae）植物；寄生于草本层植被的锈菌种类数最多，6科8属44种，以柄锈菌属（*Puccinia*）种类最多，为害禾本科（Poaceae）、菊科（Asteraceae）、龙胆科（Gentianaceae）、蓼科（Polygonaceae）、毛茛科（Ranunculaceae）、荨麻科（Urticaceae）、茜草科（Rubiaceae）、柳叶菜科（Onagraceae）、伞形科（Apiaceae）、唇形科（Lamiaceae）植物。

表2-4 寄主植物生活型分析

生活型	种（计数）/个	占总种数比例/%
草本	50	57.47
灌木	27	31.03
乔木	10	11.49
合计	87	100

2.5 青海省不同区域锈菌分析

对青海省8个区域内的锈菌进行了调查分析，共发现了7科、12属、62种锈菌。

其中，果洛藏族自治州有锈菌6科28种，玉树藏族自治州有6科31种，黄南藏族自治州有5科31种，海南藏族自治州有4科10种，海北藏族自治州有3科12种，海西蒙古族藏族自治州有2科4种，海东市有5科21种，西宁市有4科22种。其中柄锈菌科（Pucciniaceae）、栅锈菌科（Melampsoraceae）为4个区域内锈菌共有科；蔷薇科（Rosaceae）、毛茛科（Ranunculaceae）、杨柳科（Salicaceae）为4个区域内寄主植物共有科（图2-2、图2-3）。

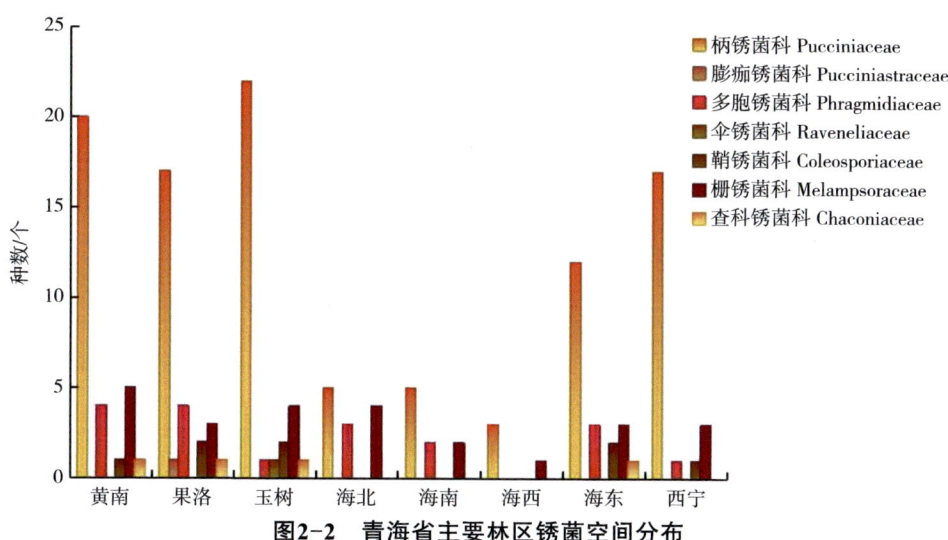

图2-2 青海省主要林区锈菌空间分布

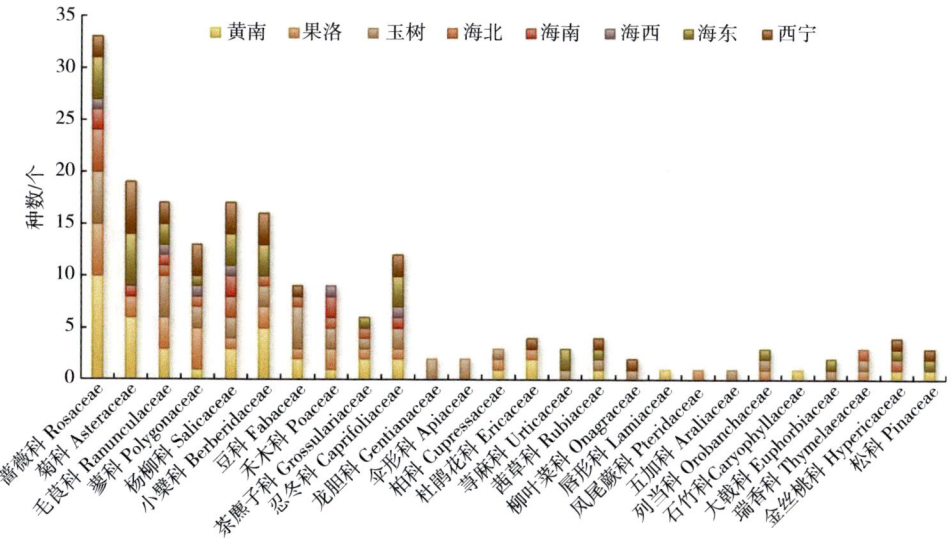

图2-3 青海省主要林区锈菌寄主植物空间分布

第二部分　各论

3 青海省主要林区锈菌分类

3.1 柄锈菌科 Pucciniaceae

3.1.1 柄锈菌属 *Puccinia*

（1）马格纳斯柄锈菌

Puccinia magnusiana Koernicke, Hedwigia 15: 179, 1876.

夏孢子堆生于叶两面，主要生于叶正面，长条形，长0.2~1.0 mm，散生或聚生，粉状，黄色，周围有破裂的寄主表皮围绕；侧丝头状，（43.3~54.6）μm×（12.3~16.7）μm，侧壁1.1~1.8 μm厚，顶壁2.1~3.4 μm厚，淡黄色；夏孢子卵形或椭圆形，（21.4~40.8）μm×（14.9~17.3）μm，黄色或淡黄色，壁1.4~1.9 μm厚，孢子表面具均匀尖刺。

冬孢子堆生于叶两面、叶鞘上，长条形，长0.4~1.8 mm，裸露，垫状，坚实，黑褐色；冬孢子椭圆形、棍棒形或长条形，（49.7~70.5）μm×（11.1~20.5）μm，顶端钝尖，基部渐狭，隔膜处稍缢缩，侧壁1.5~2.8 μm厚，顶壁11.8~14.9 μm厚，栗褐色或棕褐色，向下色渐淡，孢子表面光滑；柄淡黄色，长56.1~135.3 μm，不脱落（图3-1）。

寄主及分布：

Ⅱ，Ⅲ

芦苇（*Phragmites australis*），海南藏族自治州贵德县西河林场，采集点坐标101°24′07″E，36°01′53″N，海拔2 218.6 m，采集人徐琪、毛晓宁，标本编号QHU2023098。

国内分布：北京、黑龙江、吉林、辽宁、天津、山东、江苏、浙江、河南、海南、内蒙古、四川、新疆、陕西、青海。

A—寄主植物生境；B—冬孢子堆；C—夏孢子堆；D—冬孢子（LM）；E—冬孢子、夏孢子（LM）；F—夏孢子（SEM）。

图3-1 马格纳斯柄锈菌夏孢子、冬孢子阶段形态特征
（寄主：芦苇 *Phragmites australis*）

世界分布：世界广布。

讨论：Cummins在种下讨论时提及了本种的冬孢子表现出二态性，即长而窄、色淡的冬孢子与宽而色深的冬孢子共存，本种在观察鉴定时也发现该现象。

（2）高粱柄锈菌

Puccinia sorghi Schweinitz, Trans. Amer. Phil. Soc. Ⅱ, 4: 295, 1832.

夏孢子堆生于叶两面，散生或聚生，长条形，0.5～1.7 mm，黄褐色或栗褐色，初期被寄主表皮覆盖，晚期裸露，粉状；夏孢子球形或椭圆形，（27.8～29.9）μm×（25.8～27.9）μm，褐色或黄褐色，壁0.6～3.9 μm厚，褐色，孢子表面密生细刺，刺基部具圆形或椭圆形略凹陷底座（图3-2）。

A—寄主植物生境；B—夏孢子堆；C—夏孢子（LM）；D—夏孢子（SEM）。

图3-2　高粱柄锈菌夏孢子阶段形态特征
（寄主：玉蜀黍 *Zea mays*）

寄主及分布：

Ⅱ

玉蜀黍（*Zea mays*），海南藏族自治州贵德县江拉林场，采集点坐标

101°30′21″E，35°51′21″N，海拔2 649.3 m，采集人徐琪、毛晓宁，标本编号QHU2023096；采集点坐标101°30′23″E，35°51′29″N，海拔2 644.5 m，采集人徐琪、毛晓宁，标本编号QHU2023097。

国内分布：河北、山西、吉林、陕西、甘肃、湖北、海南、广西、四川、贵州、云南、西藏、青海。

世界分布：世界广布。

讨论：高粱柄锈菌是中国作物常见的菌物病害，严重时会对农业生产造成严重损失，此种为青海省新纪录种。

（3）向日葵柄锈菌

Puccinia helianthi Schwein., Schr. Naturf. Ges. Leipzig 1: 73, 1822.

夏孢子堆生于叶两面，散生或聚生，圆形或椭圆形，直径0.5～1.2 mm，粉状，黄褐色或黑褐色；夏孢子椭圆形、倒卵形或近球形，（25.6～27.6）μm×（19.3～24.9）μm，黄色或黄褐色，壁0.7～1.1 μm厚，黄褐色，孢子表面有细刺。

冬孢子堆似夏孢子堆；冬孢子椭圆形，（33.1～48.6）μm×（18.6～24.5）μm，顶端圆，隔膜处缢缩，基部圆，壁黄褐色，侧壁0.7～1.5 μm厚，顶壁4.1～7.0 μm厚，光滑；柄淡黄色或无色，长达100 μm，几乎不脱落（图3-3）。

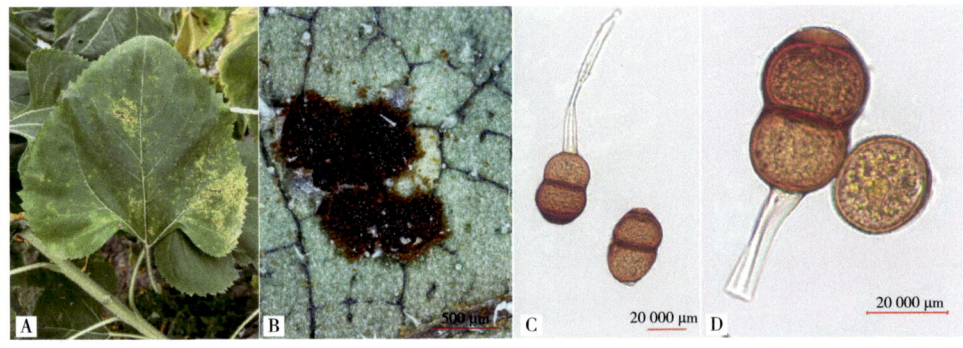

A—寄主植物生境；B—冬孢子堆；C—冬孢子（LM）；D—冬孢子、夏孢子（LM）。

图3-3 向日葵柄锈菌夏孢子、冬孢子阶段形态特征
（寄主：向日葵*Helianthus annuus*）

寄主及分布：

Ⅱ，Ⅲ

向日葵（*Helianthus annuus*），海南藏族自治州贵德县江拉林场，采集点坐标101°30′27″E，35°51′55″N，海拔2 616.1 m，采集人徐琪、毛晓宁，标本编号QHU2023095。

国内分布：北京、黑龙江、河北、吉林、山西、陕西、甘肃、云南、贵州、四川、辽宁、内蒙古、山东、江苏、安徽、宁夏、新疆、青海。

世界分布：世界广布。

（4）溃疡柄锈菌

Puccinia vomica Thümen, Bull. Soc. Imp. Nat. Moscou 55: 209, 1880.

冬孢子堆生于叶下面，圆形或椭圆形，直径0.8～2.7 mm，裸露，突起，略坚硬，单生，黑褐色，孢子堆上盖有少数叶片绒毛；冬孢子棍棒形，（34.6～46.3）μm×（15.9～23.0）μm，顶端圆或平截，基部圆或缢缩，隔膜处缢缩，两细胞易分离，侧壁0.6～1.5 μm厚，顶壁4.9～10.1 μm厚，黄褐色，顶壁颜色略深，柄长27.5～52.5 μm，无色或淡黄色，易断不脱落，孢子表面不平整（图3-4）。

寄主及分布：

Ⅲ

柳叶菜风毛菊（*Saussurea epilobioides*），黄南藏族自治州麦秀林区，采集点坐标101°54′37″E，35°16′21″N，海拔3 085.1 m，采集人徐琪、何琴恩，标本编号QHU2022148、QHU2022164；采集点坐标101°55′41″E，35°15′11″N，海拔3 062.1 m，采集人何琴恩、方泰军，标本编号QHU2022158、QHU2022159。果洛藏族自治州玛珂河林区，采集点坐标100°52′08″E，32°49′29″N，海拔3 620.8 m，采集人徐琪、何琴恩，标本编号QHU2023077、QHU2023115、QHU2021063。海东市民和县西沟国有林场，采集点坐标102°39′33″E，36°10′45″N，海拔2 231 m，采集人何琴恩、李海兰，标本编号QHU2022060、QHU2022062。海东市民和县杏儿林场，采集点坐标102°42′49″E，35°52′58″N，海拔2 109.2 m，采集人

徐琪、何琴恩，标本编号QHU2022079、QHU2022081。西宁市湟中区上五庄林场，采集点坐标101°26′12″E，36°47′53″N，海拔2 548.4 m，采集人徐琪，标本编号QHU2022075、QHU2022143。海东市循化撒拉族自治县夕昌林场，采集点坐标102°30′5″E，35°51′30″N，海拔2 024.2 m，采集人徐琪、李海兰，标本编号QHU2022106。海东市循化撒拉族自治县文都林场，采集点坐标102°29′29″E，35°51′44″N，海拔2 031.2 m，采集人徐琪，标本编号QHU2022117、QHU2022125、QHU2022126、QHU2022131、QHU2022138。

国内分布：甘肃、新疆、陕西、西藏、贵州、湖北、青海。

世界分布：俄罗斯西伯利亚地区、中国、日本。

A、B—寄主植物生境；C—冬孢子堆；D、E—冬孢子（LM）；F—冬孢子（SEM）。

图3-4 溃疡柄锈菌冬孢子阶段形态特征

（寄主：柳叶菜风毛菊 *Saussurea epilobioides*）

(5) 蔬食蓟柄锈菌

Puccinia cnici-oleracei Persoon Desmazières, Cat Pl. Omises, P. 24, 1823.

冬孢子堆生于叶下面，圆形或椭圆形，直径0.2~0.6 mm，聚生，裸露，坚实，黑褐色，孢子堆上略覆盖叶片绒毛；冬孢子棍棒形，（42.9~58.5）μm×（11.2~20.4）μm，孢子易断，顶端圆或平截，基部渐狭，隔膜处缢缩，侧壁0.8~1.2 μm厚，顶壁3.7~12.4 μm厚，黄褐色，柄淡黄色或无色，长达53.45 μm，不脱落（图3-5）。

A、B—寄主植物生境；C—冬孢子堆；D—冬孢子（LM）。

图3-5 蔬食蓟柄锈菌冬孢子阶段形态特征
（寄主：风毛菊属 *Saussurea* sp.）

寄主及分布：

Ⅲ

风毛菊属（*Saussurea* sp.），黄南藏族自治州麦秀林区，采集点坐标101°55′31″E，35°16′24″N，海拔3 056.3 m，采集人徐琪，标本编号

QHU2022155。海东市循化撒拉族自治州道帏林场，采集点坐标102°30′12″E，35°51′26″N，海拔2 106.5 m，采集人徐琪、甘生珊，标本编号QHU2022105。西宁市大通回族土族自治县东峡林场，采集点坐标101°50′14″E，37°03′01″N，海拔2 672.3 m，采集人徐琪，标本编号QHU2023017。西宁市门源回族自治县，采集点坐标101°32′56″E，37°22′51″N，海拔2 745.2 m，采集人徐琪、何琴恩，标本编号QHU2023036、QHU2023038。

国内分布：北京、黑龙江、新疆、西藏、陕西、贵州、湖北、甘肃、吉林、河北、内蒙古、山东、福建、台湾、广西、云南、重庆、青海。

世界分布：世界广布。

讨论：本种与溃疡柄锈菌（*Puccinia vomica*）相比，冬孢子堆小且紧密聚生，冬孢子形态与*P. vomica*近似，但*P. vomica*冬孢子成熟后不立即萌发。

（6）花锚柄锈菌

Puccinia haleniae Arthur Holw., in Arthur, Bull. Geol. Nat. Hist. Surv. Minn. 3: 30, 1887.

冬孢子堆生于叶上面，常密集成不规则椭圆形，直径长达5 mm，隆起，坚实，黑色或黑褐色，有光泽，孢子堆外围有金黄色或黄褐色侧丝束；冬孢子圆柱形或棍棒形，（34.1~66.8）μm×（10.2~25.1）μm，顶端钝圆、平截或突尖，基部略狭，隔膜处不缢缩或微缢缩，黄褐色，下部渐淡，侧壁1~1.42 μm厚，顶壁3.4~8.1 μm厚，柄淡黄色，长4.7~9.4 μm，不脱落（图3-6）。

寄主及分布：

Ⅲ

卵萼花锚（*Halenia elliptica*），玉树藏族自治州江西林场，采集点坐标96°54′55″E，32°16′39″N，海拔3 681.8 m，采集人徐琪，标本编号QHU2023123。

国内分布：北京、西藏、陕西、甘肃、吉林、河北、内蒙古、青海。

世界分布：北美洲、亚洲（俄罗斯远东地区、中国、朝鲜、日本）。

A、B—寄主植物生境；C—冬孢子堆；D~F—冬孢子（LM）。

图3-6　花锚柄锈菌冬孢子阶段形态特征
（寄主：卵萼花锚 *Halenia elliptica*）

（7）掌叶大黄柄锈菌

Puccinia rhei-palmati B. Li, Mycosystema 1: 166, 1988.

夏孢子堆生于叶两面，散生或小群生，圆形或椭圆形，直径0.1~1 mm，初期埋于寄主表皮下后期裸露，黄色或金黄色，粉状；夏孢子卵形、椭圆形或近球形，（22.3~31.1）μm×（16.5~19.5）μm，黄色，壁1.6~2.4 μm厚，无色，孢子表面分布均匀尖刺，刺基部有圆形或椭圆形凹陷底座。

冬孢子堆生于叶两面，散生或聚生，圆形或椭圆形，长0.3~2 mm，黑褐色或栗褐色，初期埋于寄主表皮下，晚期裸露，粉状；冬孢子矩圆形、棍棒形或长倒卵条形，（49.2~70）μm×（15.3~31.7）μm，顶端圆，基部狭，隔膜处微缢缩，黄褐色，侧壁1.1~1.8 μm厚，顶壁8.3~13.3 μm厚，黄褐色，柄无色或淡黄色，长达36 μm，不脱落，孢子表面不平整（图3-7）。

A—寄主植物生境；B—冬孢子堆；C—夏孢子堆；D—冬孢子、夏孢子（LM）；
E—夏孢子（SEM）；F—冬孢子（SEM）。

图3-7 掌叶大黄柄锈菌夏孢子、冬孢子阶段形态特征
（寄主：鸡爪大黄 Rheum tanguticum）

寄主及分布：

Ⅱ，Ⅲ

鸡爪大黄（Rheum tanguticum），果洛藏族自治州玛珂河林区，采集点坐标100°52′10″E，32°49′27″N，海拔3 655.6 m，采集人徐琪、张黎明，标本编号QHU2023086。

国内分布：秦岭、甘肃、青海。

世界分布：中国。

讨论：掌叶大黄柄锈菌（Puccinia rhei-palmati）模式标本于1963年采自秦岭太白山，寄主植物为掌叶大黄（Rheum palmatum），其夏孢子堆颜色为肉桂褐色，但本种为金黄色，其原因可能为标本存放时间长短导致。本研究在鸡爪大黄（R. tanguticum）上发现该锈菌寄生，为寄主植物新纪录。掌叶大黄柄锈菌（P. rhei-palmati）为青海省新纪录种。

（8）隐匿柄锈菌

Puccinia recondita Roberge ex Desm., Bull.Soc.Bot.Fr.4: 798, 1857.

锈孢子器生于叶两面、叶柄和茎上，杯状或短棒状，黄色，聚生，直径0.1~2.5 mm；锈孢子圆形或矩圆形，（15.2~32.6）μm×（24.2~27.7）μm，黄色或淡黄色，壁1~1.5 μm厚，无色或淡黄色，孢子表面密生颗粒状细疣。

夏孢子堆生于叶两面，叶鞘或茎秆上，散生或聚生，长椭圆形，长0.2~1.0 mm，褐色，裸露，粉状，周围有破裂的寄主表皮围绕；夏孢子圆形或椭圆形，（19.4~24.6）μm×（17.2~18.0）μm，壁0.7~1.2 μm厚，黄褐色，孢子表面具刺。

冬孢子堆生于叶两面，长椭圆形，直径0.1~1.5 mm，常互相联合布满整个叶片，聚生，裸露，粉状，棕褐色，周围有破裂的寄主表皮围绕；冬孢子椭圆形或棍棒型，（56.1~78.5）μm×（51.2~63.5）μm，顶端圆或锥形，基部缢缩，隔膜处微缢缩，侧壁0.6~1.4 μm厚，顶壁5.6~10.5 μm厚，栗褐色，柄长11.2~47.5 μm，不脱落，无色（图3-8）。

A、B、D、E—寄主植物生境；C—锈孢子器；F—锈孢子（LM）；G—锈孢子（SEM）；H—冬孢子（LM）；I—夏孢子（LM）。

图3-8 隐匿柄锈菌锈孢子、夏孢子、冬孢子阶段形态特征
（寄主：A、B唐松草*Thalictrum aquilegiifolium* var. *Sibiricum*，D、E冰草*Agropyron cristatum*）

寄主及分布：

I

耧斗菜（*Aquilegia viridiflora*），黄南藏族自治州麦秀林区，采集点坐标101°52′17″E，35°21′06″N，海拔2 965.5 m，采集人徐琪、甘生珊，标本编号QHU2022160。

高山唐松草（*Thalictrum alpinum*），海西蒙古藏族自治州乌兰县哈里哈图森林公园，采集点坐标98°39′39″E，37°01′58″N，海拔3 529.5 m，采集人徐琪，标本编号QHU2022199。果洛藏族自治州玛珂河林区，采集点坐标100°51′13″E，32°49′10″N，海拔3 663.2 m，采集人何琴恩、方泰军，标本编号QHU2021051。

唐松草（*Thalictrum aquilegiifolium* var. *sibiricum*），黄南藏族自治州麦秀林区，采集点坐标101°54′37″E，35°16′08″N，海拔3 170.5 m，采集人徐琪，标本编号QHU2022016、QHU2022167、QHU2021060。玉树藏族自治州江西林场，采集点坐标96°54′12″E，32°16′33″N，海拔3 665.3 m，采集人徐琪、甘生珊，标本编号QHU2022210、QHU2022225、QHU2021073。玉树藏族自治州东仲林区，采集点坐标96°32′27″E，31°50′07″N，海拔3 878.6 m，采集人徐琪、何琴恩，标本编号QHU2023067。果洛藏族自治州玛珂河林区，采集点坐标100°51′33″E，32°49′19″N，海拔3 627.4 m，采集人何琴恩、方泰军，标本编号QHU2021027、QHU2021070。西宁市西山林场，采集点坐标101°43′23″E，36°37′15″N，海拔2 514.2 m，采集人徐琪、甘生珊，标本编号QHU2022043。西宁市南山，采集点坐标101°46′44″E，36°36′01″N，海拔2 370.6 m，采集人徐琪、贺抓西吉，标本编号QHU2022051。西宁市大通县宝库林场，采集点坐标101°34′27″E，37°06′47″N，海拔2 569.6 m，采集人徐琪，标本编号QHU2023007。海东民和西沟国有林场，采集点坐标102°39′33″E，36°10′45″N，海拔2 261.2 m，采集人徐琪、冷文博，标本编号QHU2022061。西宁市湟中区上五庄林场，采集点坐标101°26′11″E，36°47′43″N，海拔2 546.1 m，采集人何琴恩、贺凤英，标本编号QHU2022076。海东市循化县道帏林场，采集点坐标102°30′11″E，35°51′27″N，海拔2 114.2 m，采集人徐琪、何琴恩，标本编号QHU2022104。海东市循化县文都林场，采集点坐标102°29′31″E，35°51′39″N，海拔2 045.3 m，采集人徐琪，标本编号QHU2022118、QHU2022121。海北藏族自治州祁连县卓尔山，采集点坐标100°15′55″E，38°10′19″N，海拔2 968.4 m，采集人徐琪、穆海霞，标本编号QHU2023035、QHU2021048。

Ⅱ，Ⅲ

冰草（*Agropyron cristatum*），玉树藏族自治州江西林场，采集点坐标96°54′19″E，32°16′59″N，海拔3 596.7 m，采集人徐琪、贺风英，标本编号QHU2022222。玉树藏族自治州勒巴沟林场，采集点坐标97°12′16″E，32°54′44″N，海拔3 680.2 m，采集人贺抓西吉、穆海霞，标本编号QHU2022240。玉树藏族自治州东仲林区，采集点坐标96°32′25″E，31°50′06″N，海拔3 809.6 m，采集人徐琪、李玉英，标本编号QHU2023054。果洛藏族自治州玛珂河林区，采集点坐标100°52′10″E，32°49′29″N，海拔3 636.4 m，采集人徐琪、何琴恩，标本编号QHU2023074、QHU2021028。果洛藏族自治州洋玉林场，采集点坐标100°16′12″E，34°27′19″N，海拔3 850.9 m，采集人徐琪、何琴恩，标本编号QHU2021023。黄南藏族自治州麦秀林区，采集点坐标101°54′55″E，35°16′13″N，海拔3 115.7 m，采集人徐琪、何琴恩，标本编号QHU2021064。海北藏族自治州门源县仙米林场，采集点坐标101°57′41″E，37°16′44″，海拔3 894.6 m，采集人徐琪、贺抓西吉，标本编号QHU2022183。海西蒙古藏族自治州乌兰县哈里哈图森林公园，采集点坐标98°39′38″E，37°01′59″N，海拔3 593.2 m，采集人徐琪、贺风英，标本编号QHU2023021。

国内分布：北京、西藏、陕西、甘肃、河北、内蒙古、黑龙江、吉林、辽宁、山西、山东、江苏、浙江、安徽、江西、福建、上海、台湾、湖北、河南、广东、广西、宁夏、云南、新疆、青海。

世界分布：世界广布。

讨论：此种锈菌寄主范围广泛，其夏冬阶段寄生在禾本科植物上，是作物常见的菌物病害。

（9）赛铁线莲柄锈菌

Puccinia atragenes W. Hausm., Erb.Critt. Ital., Ser.l, Fasc.: 550, 1861.

冬孢子堆生于叶正面，圆形或椭圆形，直径1~2.3 mm，周围被破裂的寄主表皮围绕，裸露，粉状，栗褐色或黑褐色。冬孢子椭圆形或矩圆形，（36.7~50.7）μm×（23.7~31.8）μm，两端圆，隔膜处不缢缩或稍缢缩，壁2.7~5.2 μm厚，有时顶壁略增厚，栗褐色，柄无色，长达130 μm，不脱落，孢子表面布满脊状突起（图3-9）。

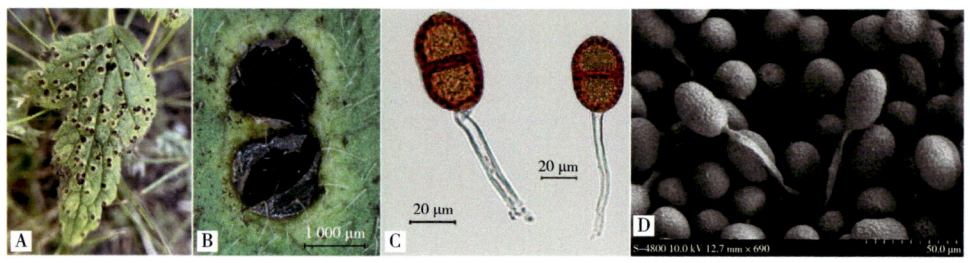

A—寄主植物生境；B—冬孢子堆；C—冬孢子（LM）；D—冬孢子（SEM）。

图3-9 赛铁线莲柄锈菌冬孢子阶段形态特征
（寄主：长花铁线莲*Clematis rehderiana*）

寄主及分布：

Ⅲ

长花铁线莲（*Clematis rehderiana*），玉树藏族自治州江西林场，采集点坐标96°54′33″E，32°16′29″N，海拔3 516.1 m，采集人穆海霞、贺抓西吉，标本编号QHU2022208。

国内分布：北京、内蒙古、西藏、四川、青海。

世界分布：欧亚温带广布。

讨论：该种为青海省新纪录种。

（10）禾柄锈菌

Puccinia graminis Persoon, Synopsis Methodica Fungorum, P.228, 1801.

锈孢子器生于叶下面，杯状或短柱状，聚生，包被无色，开口直径0.1~0.3 mm，短柱长0.2~0.3 mm；锈孢子圆形、椭圆形或矩圆形，（20.3~24.3）μm×（18.5~20.3）μm，黄色，串生，壁0.5~1.1 μm厚，无色，孢子表面具大小不一的短柱状突起，光滑区上有球形瘤状物（图3-10）。

A、B—寄主植物生境；C—锈孢子器；D—锈孢子（LM）；E—锈孢子（SEM）。

图3-10　禾柄锈菌锈孢子阶段形态特征
（寄主：鲜黄小檗*Berberis diaphana*）

寄主及分布：

I

直穗小檗（*Berberis dasystachya*），黄南藏族自治州麦秀林区，采集点坐标101°54′31″E，35°16′21″N，海拔3 060.7 m，采集人徐琪、何琴恩，标本编号QHU2022031。海东市互助县磨尔沟，采集点坐标101°51′02″E，36°58′33″N，海拔2 965.9 m，采集人徐琪、李海兰，标本编号QHU2022008。海东市民和县西沟国有林场，采集点坐标102°39′31″E，36°10′46″N，海拔2 269.4 m，采集人徐琪、冷文博，标本编号QHU2022070。

细叶小檗（*Berberis poiretii*），黄南藏族自治州麦秀林区，采集点坐标101°54′36″E，35°15′20″N，海拔3 066.1 m，采集人徐琪，标本编号QHU2022026。西宁市湟中区上五庄林场，采集点坐标101°26′21″E，36°47′46″N，海拔2 541.6 m，采集人徐琪、何琴恩，标本编号QHU2022077。海北藏族自治州门源县仙米林场，采集点坐标101°37′58″E，37°21′02″N，海拔2 846.1 m，采集人徐琪、冷文博，标本编号QHU2022188。

鲜黄小檗（*Berberis diaphana*），黄南藏族自治州麦秀林区，采集点坐标101°54′41″E，35°15′22″N，海拔3 029.9 m，采集人徐琪、何琴恩，标本编号QHU2022017、QHU2022169。玉树藏族自治州江西林场，采集点坐标96°54′36″E，32°17′38″N，海拔3 728.6 m，采集人徐琪，标本编号QHU2022230。玉树藏族自治州勒巴沟林场，采集点坐标97°13′16″E，32°54′27″N，海拔3 692.8 m，采集人徐琪、甘生珊，标本编号QHU2022239。海东市化隆县雄先林场，采集点坐标101°45′50″E，36°16′10″N，海拔2 844.8 m，采集人徐琪，标本编号QHU2022249。西宁市大通县东峡林场，采集点坐标101°49′14″E，37°03′03″N，海拔2 682.1 m，采集人徐琪，标本编号QHU2023014。

欧洲小檗（*Berberis vulgaris*），黄南藏族自治州麦秀林区，采集点坐标101°54′41″E，35°15′26″N，海拔3 106.1 m，采集人徐琪、冷文博，标本编号QHU2022168。玉树藏族自治州江西林场，采集点坐标96°55′33″E，32°47′04″N，海拔3 716.8 m，采集人徐琪、贺凤英，标本编号QHU2022213。果洛藏族自治州玛珂河林区，采集点坐标100°49′27″E，32°46′07″N，海拔3 436.3 m，采集人徐琪，标本编号QHU2023072、QHU2021011、QHU2021030。西宁市大通县北川河国家级自然保护区，采集点坐标101°34′28″E，37°10′01″N，海拔2 890.8 m，采集人徐琪、何琴恩，标本编号QHU2023041。

国内分布：北京、内蒙古、西藏、四川、黑龙江、吉林、辽宁、河北、山西、江苏、浙江、安徽、江西、福建、台湾、湖北、河南、广东、陕西、甘肃、宁夏、云南、贵州、重庆、青海。

世界分布：世界广布。

（11）条形柄锈菌原变种

Puccinia striiformis Westendorp, Bull.Roy.Acad.Belg., Cl.Sci., 21: 235, 1854.

锈孢子器生于叶下面，杯状，聚生，橙黄色，包被白色，开口直径 0.2～0.3 mm；包被细胞多角形；锈孢子圆形、矩圆形或水滴形，（18.6～23.9）μm×（15.6～18.0）μm，侧壁1.2～2.8 μm厚，无色或淡黄色，孢子表面密布短柱状突起，顶端平截。

夏孢子堆生于叶两面，长条形，裸露，肉桂褐色，粉状，聚生；夏孢子圆形或椭圆形，（17.3～21.4）μm×（18.4～24.4）μm，黄色或橙黄色，壁1.0～2.0 μm厚，黄色或淡黄色，孢子表面具刺。

冬孢子堆生于叶两面，长条状，0.8～2 mm长，黑褐色或棕褐色，裸露，垫状；冬孢子矩圆形、椭圆形或棍棒形，（41.2～65.3）μm×（17.6～26.3）μm，顶端圆或钝尖，基部缢缩，隔膜处微缢缩，侧壁1～1.3 μm厚，顶壁5.3～10.1 μm厚，栗褐色，柄无色或淡黄色，不脱落（图3-11）。

A～D—寄主植物生境；E—锈孢子器；F—锈孢子包被细胞；G—冬孢子（LM）；
H—锈孢子（LM）；I—夏孢子（LM）；J—锈孢子（SEM）。

图3-11 条形柄锈菌原变种孢子、夏孢子、冬孢子阶段形态特征
（寄主：A、B秦岭小檗*Berberis circumserrata*，C、D赖草*Leymus secalinus*）

寄主及分布：

Ⅰ

秦岭小檗（*Berberis circumserrata*），黄南藏族自治州麦秀林区，采集点坐标101°54′30″E，35°16′21″N，海拔3 070.5 m，采集人徐琪、何琴恩，标本编号QHU2022018、QHU2022028。果洛藏族自治州玛珂河林区，采集点坐标100°49′27″E，32°46′16″N，海拔3 422.1 m，何琴恩、李海兰，标本编号QHU2021053。海东市循化县道帏林场，采集点坐标102°30′19″E，35°52′39″N，海拔2 194.3 m，采集人徐琪、何琴恩，标本编号QHU2022097。

Ⅲ

赖草（*Leymus secalinus*），玉树藏族自治州江西林场，采集点坐标96°54′53″E，32°16′40″N，海拔3 709.4 m，采集人徐琪、贺风英，标本编号QHU2022204；采集点坐标96°54′32″E，32°16′50″N，海拔3 738.6 m，采集人李海兰、贺风英，标本编号QHU2022212。果洛藏族自治州玛珂河林区，采集点坐标100°49′26″E，32°45′07″N，海拔3 419.3 m，采集人徐琪，标本编号QHU2021008。

国内分布：北京、内蒙古、西藏、四川、江苏、浙江、安徽、湖北、河南、广东、陕西、甘肃、云南、贵州、重庆、天津、山东、广西、新疆、青海。

世界分布：世界广布。

讨论：条形柄锈菌原变种（*Puccinia striiformis*）为小麦条锈病的病原，近年来，已经有研究证实在自然条件下，该种的有性过程可以在转主寄主小檗上发生。在秦岭小檗上（*Berberis circumserrata*）首次发现了该种锈孢子阶段，这是一个新的转主寄主，是青海省新纪录种。

（12）薹草柄锈菌

Puccinia caricina DC., in de Candolle & Lamarck, Fl.Franc., Edn 3, 5/6: 60, 1851.

性孢子器生于叶上面，聚生，近球形，直径0.1~0.2 mm，蜜黄色或黄褐色。

锈孢子器生于叶下面，叶柄和茎秆上，寄主植物受害部位肿胀，杯状，直径0.1~0.2 mm，黄色，包被开口处反卷开裂，黄色；锈孢子圆形或矩圆形，（20.2~23.4）μm×（19.4~22.2）μm，黄色或淡黄色，壁0.8~1.9 μm厚，无色或淡黄色，孢子表面具短柱状疣突，有圆形或椭圆形光滑区（图3-12）。

A~D—寄主植物生境；E~F—锈孢子器；G—锈孢子（LM）；H—锈孢子（SEM）。

图3-12 薹草柄锈菌锈孢子阶段形态特征
（寄主：A、B茶藨子*Ribes janczewskii*，C、D三角叶荨麻*Urtica triangularis*）

寄主及分布：

0，I

三角叶荨麻（*Urtica triangularis*），玉树藏族自治州勒巴沟林场，采集点坐标97°12′50″E，32°54′44″N，海拔3 781.5 m，采集人徐琪，标本编号QHU2022241。

糖茶藨子（*Ribes himalense*），黄南藏族自治州麦秀林区，采集点坐标101°54′35″E，35°16′19″N，海拔3 085.7 m，采集人徐琪、甘生珊，标本编号QHU2022010、QHU2022152。

长果茶藨子（*Ribes stenocarpum*），黄南藏族自治州麦秀林区，采集点坐标101°54′36″E，35°16′19″N，海拔3 105.9 m，采集人徐琪、冷文博，标本编号QHU2022011；采集点坐标101°52′39″E，35°15′50″N，海拔3 243.1 m，采集人穆海霞、贺抓西吉，标本编号QHU2022153。海东市循化县文都林场，采集点坐标102°29′33″E，35°51′45″N，海拔2 146.2 m，采集人徐琪，标本编号QHU2022135。

茶藨子（*Ribes janczewskii*），果洛藏族自治州玛珂河林区，采集点坐标100°49′26″E，32°45′11″N，海拔3 441.2 m，采集人何琴恩、徐琪，标本编号QHU2021004。海北藏族自治州祁连县，采集点坐标100°16′25″E，38°09′10″N，海拔2 797.3 m，采集人徐琪，标本编号QHU2022176、QHU2023034。

国内分布：北京、内蒙古、西藏、四川、陕西、甘肃、新疆、黑龙江、吉林、福建、青海。

世界分布：北温带广布。

讨论：本种的锈孢子阶段寄主范围较广，包括荨麻科（Urticaceae）、虎耳草科（Saxifragaceae）、报春花科（Primulaceae）等植物。

（13）珠芽蓼柄锈菌

Puccinia vivipari, Jerstad, Ark. Bot. Ser. 2. 4: 360, 1959.

夏孢子堆生于叶下面，散生，裸露，圆形，直径0.2~0.6 mm，肉桂褐色，粉状；侧丝棍棒状或头状，光滑；夏孢子球形、椭圆形或矩圆形，直径（21.6~22.2）μm×（19.1~21.1）μm，肉桂褐色或暗黄色，壁1.5~2.3 μm厚，孢子表面有刺，刺基部有圆形凹陷底座，底座上长有1~2个刺。

冬孢子堆生于叶下面，散生，有时互相连合，圆形，直径0.3~0.7 mm，粉状，有时被破裂的寄主表皮围绕；冬孢子纺锤形或椭圆形，（34.5~39.2）μm×（31.8~35.4）μm，基部略狭，隔膜处不缢缩或微缢缩，侧壁2.1~2.9 μm厚，顶壁2.8~5.7 μm厚，栗褐色，柄无色，长3.1~18.8 μm，常脱落或易断（图3-13）。

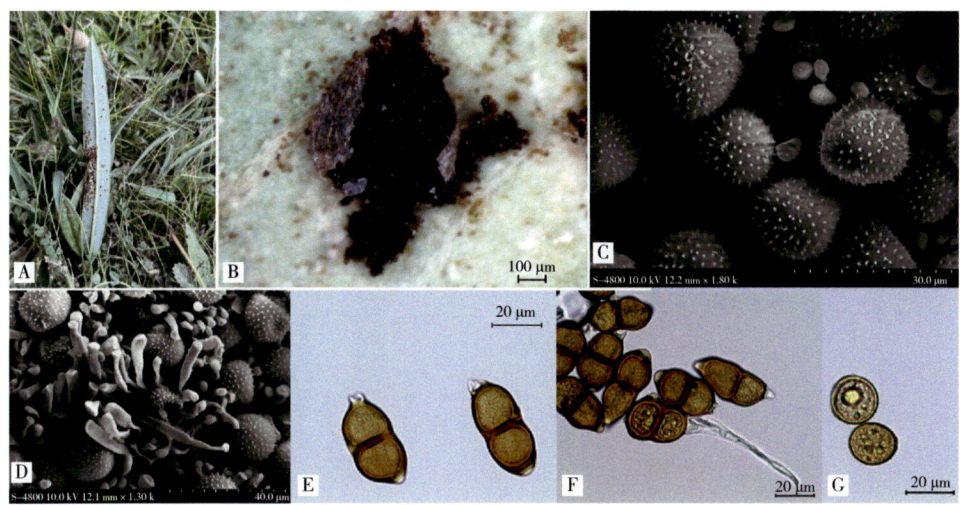

A—寄主植物生境；B—冬孢子堆；C、D—夏孢子和侧丝（SEM）；
E、F—冬孢子（LM）；G—夏孢子（LM）。

**图3-13 珠芽蓼柄锈菌夏孢子、冬孢子阶段形态特征
（寄主：珠芽蓼Bistorta vivipara）**

寄主及分布：

Ⅱ，Ⅲ

珠芽蓼（Bistorta vivipara），玉树藏族自治州勒巴沟林场，采集点坐标97°23′14″E，32°22′45″N，海拔3 683.6 m，采集人徐琪、甘生珊，标本编号QHU2022238。玉树藏族自治州江西林场，采集点坐标96°14′02″E，32°27′18″N，海拔3 704.6 m，采集人徐琪、贺凤英，标本编号QHU2022207。果洛藏族自治州玛珂河林区，采集点坐标100°49′31″E，32°45′16″N，海拔3 357.5 m，采集人徐琪、何琴恩，标本编号QHU2021029。海东市循化县道帏林场，采集点坐标102°31′22″E，35°46′36″N，海拔2 164.5 m，采集人徐琪、何琴恩，标本编号QHU2022089、QHU2022102。海西蒙古藏族自治州乌兰县哈里哈图森林公园，采集点坐标98°39′44″E，37°01′59″N，海拔3 518.2 m，采集人徐琪，标本编号QHU2022198。西宁市大通县北川河国家级自然保护区，采集点坐标101°52′11″E，36°58′07″N，海拔2 895.7 m，采集人徐琪、何琴恩，标本编号QHU2023046。

国内分布：四川、甘肃、青海。

世界分布：中国特有。

讨论：本种大部分冬孢子柄会脱落或在近柄处断裂，但仍有少数冬孢子可观察到柄的存留，长度可达80 μm或更长。

（14）拳参柄锈菌

Puccinia bistortae De Candolle, Flore Française 6: 61, 1815.

夏孢子堆生于叶下面，散生或聚生，圆形，直径0.2~0.6 mm，肉桂褐色或黄褐色，粉状，裸露；夏孢子圆形、近圆形或矩圆形，直径（19.7~23.4）μm×（19.3~22.2）μm，壁1.2~2.0 μm厚，黄褐色。

冬孢子堆生于叶下面，散生或互相连合，圆形，有时与夏孢子混生，直径0.2~1.0 mm，棕褐色；冬孢子椭圆形或矩圆形，（22.5~26.6）μm×（17.2~19.1）μm，两端圆，隔膜处不缢缩或微缢缩，壁0.7~1.2 μm厚，栗褐色，柄无色，短，易断，孢子表面有大小不一且分布不均匀的疣突（图3-14）。

A、B—寄主植物生境；C—冬孢子堆和夏孢子堆；D、H—夏孢子和侧丝（SEM）；
E—冬孢子（LM）；F—夏孢子和冬孢子（LM）；G—夏孢子（LM）。

图3-14 拳参柄锈菌夏孢子、冬孢子阶段形态特征
（寄主：珠芽蓼*Bistorta vivipara*）

寄主及分布：

Ⅱ，Ⅲ

珠芽蓼（*Bistorta vivipara*），黄南藏族自治州麦秀林区，采集点坐标

101°50′31″E，35°26′25″N，海拔2 943.6 m，采集人徐琪、甘生珊，标本编号QHU2022177。玉树藏族自治州东仲林区，采集点坐标96°29′34″E，31°49′12″N，海拔3 983.5 m，采集人徐琪、李玉英，标本编号QHU2023070。果洛藏族自治州玛珂河林区，采集点坐标100°44′28″E，32°56′03″N，海拔3 438.4 m，采集人徐琪、谭紫涵，标本编号QHU2023071。玉树藏族自治州洋玉林区，采集点坐标100°33′36″E，34°32′57″N，海拔3 473.0 m，采集人徐琪、李玉英，标本编号QHU2023091。海北藏族自治州祁连县，采集点坐标100°07′41″E，38°11′30″N，海拔2 943.6 m，采集人徐琪，标本编号QHU2022175、QHU2023031。海北藏族自治州门源县仙米林场，采集点坐标101°58′45″E，37°15′47″N，海拔2 707.6 m，采集人徐琪、冷文博，标本编号QHU2022184、QHU2022193。

国内分布：北京、河北、内蒙古、山东、新疆、四川、西藏、甘肃、青海。

世界分布：北温带广布。

讨论：这是一个环北极高山种。其夏孢子和冬孢子可潜伏在寄主体内越冬，早春直接产生夏孢子，生活史无须转主。

（15）鞑靼茜草柄锈菌

Puccinia rubiae-tataricae H. Sydow, Ann.Ann.Mycol.11: 98, 1913.

锈孢子器生于叶下面，聚生，黄色，毛刷状，直径0.1~0.4 mm，黄白色；锈孢子圆形、椭圆形或矩圆形，（17.3~24.6）μm×（16.7~21.0）μm，壁2.7~4.9 μm厚，孢子表面密布钝尖状突起（图3-15）。

寄主及分布：

I

茜草（*Rubia cordifolia*），黄南藏族自治州麦秀林区，采集点坐标101°50′29″E，35°26′31″N，海拔2 945.2 m，采集人徐琪、何琴恩，标本编号QHU2021039、QHU2021074。玉树藏族自治州江西林场，采集点坐标96°14′11″E，32°27′12″N，海拔3 710.1 m，采集人徐琪，标本编号QHU2022211。海东市民和县西沟国有林场，采集点坐标102°38′33″E，36°15′41″N，海拔2 249.3 m，采集人徐琪、冷文博，标本编号QHU2022063。海东市循化撒拉族自治县夕昌林场，采集点坐标102°33′09″E，35°49′33″N，海拔2 036.2 m，采集人徐琪、李海兰，标本编号QHU2022112。海东市循化县文都林场，采集点坐标102°27′31″E，35°49′46″N，海拔2 176.9 m，采集人徐琪，标本编号QHU2022119。

国内分布：西藏、青海。

世界分布：日本、俄罗斯远东地区、中国。

讨论：本种属于单主寄生种，在研究青海省主要林区锈菌时，我们在茜草上发现了其锈孢子阶段，此前日本曾报道了该种锈孢子阶段，但未发现其夏孢子、冬孢子阶段。本种为青海省新纪录种。

A—寄主植物生境；B—锈孢子器；C—锈孢子（LM）；D—锈孢子（SEM）。

图3-15 靰鞡茜草柄锈菌锈孢子阶段形态特征
（寄主：茜草*Rubia cordifolia*）

（16）龙胆柄锈菌

Puccinia gentianae, (F.Strauss) Röhling Deutschlands Flora, Ed. 2, 3(3): 131. 1813.

夏孢子堆生于叶两面，主要分布于叶上面，散生或聚生，圆形或椭圆形，直径0.4～0.6 mm，浅褐色，粉状，前期被寄主表皮覆盖后期破裂；夏孢子圆形或椭圆形，（21.1～32.1）μm×（18.0～26.0）μm，黄褐色，壁1.7～2.5 μm厚，孢子表面具均匀尖刺，刺基部有圆形底座。

冬孢子堆似夏孢子堆；冬孢子宽椭圆形，（32.7～34.5）μm×（25.6～34.4）μm，壁1.2～2.7 μm厚，隔膜处不缢缩或微缢缩，栗褐色，柄无色，短，易断，长可达25 μm（图3-16）。

A、B—寄主植物生境；C—冬孢子堆；D—冬孢子和夏孢子（LM）；
E—冬孢子（LM）；F、G—夏孢子（SEM）。

图3-16　龙胆柄锈菌夏孢子、冬孢子阶段形态特征
（寄主：麻花艽*Gentiana straminea*）

寄主及分布：

Ⅱ，Ⅲ

麻花艽（*Gentiana straminea*），玉树藏族自治州勒巴沟林场，采集点坐标97°20′18″E，32°13′08″N，海拔3 735.1 m，采集人徐琪、方泰军，标本编号QHU2022233。

国内分布：北京、西藏、河北、山西、内蒙古、甘肃、新疆、云南、四川、青海。

世界分布：北温带广布。

（17）头巾状柄锈菌

Puccinia calumnata Syd.&P. Syd., Annls Mycol.11: 102, 1913.

夏孢子堆生于叶下面，聚生或散生，裸露，圆形或椭圆形，直径0.1～0.6 mm，肉桂褐色，粉状；夏孢子圆形、矩圆形或倒卵形，（19.6～31.2）μm×（18.3～26.1）μm，壁1.2～2 μm厚，黄褐色或淡黄色，孢子表面具刺（图3-17）。

A、B—寄主植物生境；C—冬孢子堆、夏孢子堆；D—冬孢子（LM）；
E—夏孢子（LM）；F—夏孢子（SEM）；G—冬孢子（SEM）。

图3-17 头巾状柄锈菌夏孢子、冬孢子阶段形态特征
（寄主：叉分蓼*Koenigia divaricata*）

冬孢子堆生于叶两面，主要生于叶下面，散生或聚生，裸露，圆形或椭圆形，直径0.1~0.7 mm，栗褐色或黑褐色；冬孢子椭圆形或纺锤形，（26.6~35.1）μm×（17.8~20.5）μm，两端圆或渐狭，隔膜处不缢缩或微缢缩。壁1.1~1.8 μm厚，栗褐色或黄褐色，柄无色，短，易断，孢子表面光滑或有少数细疣。

寄主及分布：

Ⅱ，Ⅲ

叉分蓼（*Koenigia divaricata*），玉树藏族自治州勒巴沟林场，采集点坐标97°16′26″E，32°55′21″N，海拔3 751.3 m，采集人方泰军，标本编号QHU2022232。玉树藏族自治州东仲林区，采集点坐标97°27′19″E，32°40′24″N，海拔3 596.9 m，采集人徐琪、李玉英、谭紫涵，标本编号QHU2023063。

国内分布：黑龙江、河北、内蒙古、青海。

世界分布：俄罗斯远东地区、中国。

讨论：该种为青海省新纪录种。

（18）狐茅柄锈菌

Puccinia festucae Plowr., Grevillea 21: 109, 1893.

性孢子器生于叶上面，小群聚生于黄色病斑中央，扁球形，直径0.1~0.2 mm，黄色至黄褐色。

锈孢子器生于叶下面，杯状，聚生，直径0.2~0.3 mm，橙黄色；锈孢子圆形、椭圆形或矩圆形，（21.9~33.9）μm×（20.8~27.8）μm，壁0.5~1.1 μm厚，无色，孢子表面密生短柱状钝疣（图3-18）。

寄主及分布：

0，Ⅰ

忍冬（*Lonicera* sp.），黄南藏族自治州麦秀林区，采集点坐标101°54′35″E，35°16′21″N，海拔3 065.1 m，采集人徐琪、何琴恩，标本编号QHU2022009、QHU2022023、QHU2022029；采集点坐标101°54′38″E，35°16′08″N，海拔3 163.7 m，采集人徐琪、李海兰，标本编号QHU2022032。海南藏族自治州贵德县东山林场，采集点坐标101°36′57″E，36°13′50″N，海拔2 904.55 m，

采集人徐琪、毛晓宁，标本编号QHU2023101。玉树藏族自治州勒巴沟林场，采集点坐标97°16′31″E，32°55′22″N，海拔3 755.3 m，QHU2021025。海东市循化撒拉族自治县夕昌林场，采集点坐标102°47′29″E，35°34′18″N，海拔3 126.5 m，采集人徐琪、李海兰，标本编号QHU2022095、QHU2022109、QHU2022115。海东市循化县文都林场，采集点坐标102°26′32″E，35°43′45″N，海拔2 175.6 m，采集人徐琪，标本编号QHU2022134。

A、B—寄主植物生境；C—锈孢子器；D—锈孢子（LM）；E—锈孢子（SEM）。

图3-18　狐茅柄锈菌锈孢子阶段形态特征
（寄主：刚毛忍冬*Lonicera hispida*）

刚毛忍冬（*Lonicera hispida*），玉树藏族自治州江西林场，96°54′53″E，32°16′40″N，海拔3 709.1 m，采集人徐琪，标本编号QHU2022209。玉树藏族自治州勒巴沟林场，采集点坐标97°16′33″E，32°55′18″N，海拔3 725.1 m，采集人徐琪、何琴恩，标本编号QHU2022234、QHU2021025。玉树藏族自治州东仲林区，采集点坐标96°30′59″E，31°48′42″N，海拔3 826.4 m，采集人徐琪、谭紫涵，标本编号QHU2023058。果洛藏族自治州玛珂河林区，采集点坐标100°52′03″E，32°49′30″N，海拔3 577.8 m，采集人徐琪、谭紫涵，标本编号QHU2023118、QHU2021001、QHU2023083。海东市民和县杏儿林场，采集点坐标102°40′41″E，35°52′27″N，海拔2 671.9 m，采集人徐琪、何琴恩，标本编号QHU2022086。海东市循化撒拉族自治县夕昌林场，采集点坐标102°47′27″E，35°34′08″N，海拔3 122.5 m，采集人徐琪、李海兰，标本编号QHU2022092。西宁市大通县宝库林场，采集点坐标101°34′26″E，37°05′46″N，海拔2 572.3 m，采集人徐琪，标本编号QHU2023009、QHU2023011。海西蒙古藏族自治州乌兰县哈里哈图森林公园，采集点坐标98°34′49″E，37°02′49″N，海拔3 516.9 m，采集人徐琪，标本编号QHU2023020。

唐古特忍冬（*Lonicera tangutica*），黄南藏族自治州麦秀林区，采集点坐标101°54′36″E，35°16′09″N，海拔3 166.8 m，采集人徐琪、贺风英，标本编号QHU2022033、QHU2021075。

国内分布：山西、内蒙古、江苏、甘肃、四川、西藏、青海。

世界分布：欧洲、亚洲、北美洲。

讨论：该种为青海省新纪录种。

（19）露珠草柄锈菌

Puccinia circaeae, Persoon, Neues Mag. Bot. 1: 119.1794.

冬孢子堆生于叶下面，圆形，常密集成圆形或环形孢子堆群，直径0.3~1.5 mm，裸露，垫状，坚实，褐色或栗褐色；冬孢子棍棒形，（35.3~68.4）μm×（18.1~65.8）μm，侧壁0.8~1.3 μm厚，顶端突起或略尖，隔膜处缢缩，侧壁1~1.7 μm厚，顶壁5.2~8.5 μm厚，淡黄色，柄无色，不脱落（图3-19）。

寄主及分布：

Ⅲ

高山露珠草（*Circaea alpina*），玉树藏族自治州江西林场，采集点坐标96°27′08″E，32°15′28″N，海拔3 681.4 m，方泰军、甘生册，标本编号QHU2022218、QHU2022220；采集点坐标96°32′26″E，31°50′07″N，海

拔3 819.5 m，采集人徐琪、李玉英，标本编号QHU2023117。西宁市大通县北川河国家级自然保护区，采集点坐标101°34′26″E，37°10′03″N，海拔2 833.5 m，采集人徐琪、何琴恩，标本编号QHU2023039。

国内分布：北京、河北、湖北、四川、云南、山西、吉林、西藏、甘肃、青海。

世界分布：北温带广布。

讨论：该种为青海省新纪录种。

A~C—寄主植物生境；D—冬孢子堆；E、F—冬孢子（LM）。

图3-19　露珠草柄锈菌冬孢子阶段形态特征
（寄主：高山露珠草*Circaea alpina*）

（20）冠柄锈菌原变种

Puccinia coronata var. *Coronata* Corda, Icon.Fung.1: 6, 1837.

性孢子器生于叶两面，主要生于叶上面，小群聚生于黄色病斑中央，球形，直径0.07～0.12 μm，黄色至黄褐色。

锈孢子器生于叶下面，杯状，黄色，聚生，直径0.16～3.4 mm；锈孢子圆形、矩圆形或不规则椭圆形，（20.0～31.8）μm×（16.3～25.6）μm，壁1.0～1.5 μm厚，橙黄色或黄色，孢子表面密生大小不一的短柱状钝疣，顶端平截（图3-20）。

A、B—寄主植物生境；C—锈孢子器；D—锈孢子（LM）；E—锈孢子（SEM）。

图3-20 冠柄锈菌原变种锈孢子阶段形态特征
（寄主：铁线莲 Clematis sp.）

寄主及分布：

0，I

铁线莲（Clematis sp.），玉树藏族自治州东仲林区，采集点坐标

97°27′19″E，32°40′24″N，海拔3 587.5 m，采集人徐琪、谭紫涵，标本编号QHU2023068；采集人徐琪、何琴恩，标本编号QHU2021072。

国内分布：北京、河北、湖北、四川、山西、吉林、西藏、甘肃、黑龙江、辽宁、内蒙古、山东、江苏、浙江、安徽、江西、福建、上海、台湾、河南、海南、陕西、宁夏、新疆、云南、贵州、重庆、青海。

世界分布：世界广布种。

讨论：经过分子系统学研究，我们在铁线莲上首次发现了冠柄锈菌原变种的寄生现象，这是一个新的转主寄主纪录。

（21）细叶芹柄锈菌

Puccinia chaerophylli Purton, Midland Flora 3: 303, 1821.

夏孢子堆生于叶下面，圆形或椭圆形，直径0.3～0.6 mm，散生，裸露，粉状，浅褐色或肉桂褐色，常与冬孢子混生；夏孢子圆形或水滴形，（22.9～30.1）μm×（21.5～27.7）μm，黄色，壁1.2～2.4 μm厚，黄色。

冬孢子堆生于叶下面，圆形，直径0.3～0.7 mm，散生，裸露，粉状，黑褐色；冬孢子椭圆形或葫芦形，（34.1～39.8）μm×（19.5～26.3）μm，隔膜处缢缩，壁1.6～2.4 μm厚，栗褐色，柄长3.9～55.5 μm，无色，易断，孢子表面密生网纹状突起（图3-21）。

寄主及分布：

Ⅱ，Ⅲ

峨参（*Anthriscus sylvestris*），玉树藏族自治州江西林场，采集点坐标96°27′11″E，32°15′18″N，海拔3 672.4 m，采集人徐琪，标本编号QHU2022228。

国内分布：湖北、青海。

世界分布：欧亚温带广布。

讨论：本种为单主寄生全孢形，广布于欧亚温带，在我国只报道了采自神农架的香根芹（*Osmorhiza aristata*）标本的相关信息。本研究采集的标本来自青海玉树江西林场，未观察到性孢子器和锈孢子器的存在。本研究首次发现细叶芹柄锈菌寄生于峨参，是寄主新纪录种、青海新纪录种。

A、B—寄主植物生境；C—冬孢子堆、夏孢子堆；D—冬孢子（LM）；
E—夏孢子（LM）；F—冬孢子（SEM）。

图3-21 细叶芹柄锈菌夏孢子、冬孢子阶段形态特征
（寄主：峨参*Anthriscus sylvestris*）

（22）茶藨子柄锈菌

Puccinia ribis dc Candolle, Flore Francaise 2: 221, 1805.

冬孢子堆生于叶两面，通常生于叶上面，圆形椭圆形，直径1～2 mm，常相互联合成更大的孢子堆，裸露，粉状，黑褐色；冬孢子椭圆形或倒卵形，（24.9～32.7）μm×（19.2～23.4）μm，两端圆，隔膜处不缢缩或微缢缩，壁厚1.6～2.4 μm，栗褐色，柄长10.7～38.0 μm，无色，易断，孢子表面密布点状粗疣（图3-22）。

寄主及分布：

Ⅲ

冰川茶藨子（*Ribes glaciale*），玉树藏族自治州江西林场，采集点坐

标96°15′28″E，32°27′53″N，海拔3 681.8 m，采集人徐琪、贺风英，标本编号QHU2022224。玉树藏族自治州东仲林区，采集点坐标96°32′25″E，31°50′07″N，海拔3 812.1 m，采集人徐琪、谭紫涵，标本编号QHU2023116。

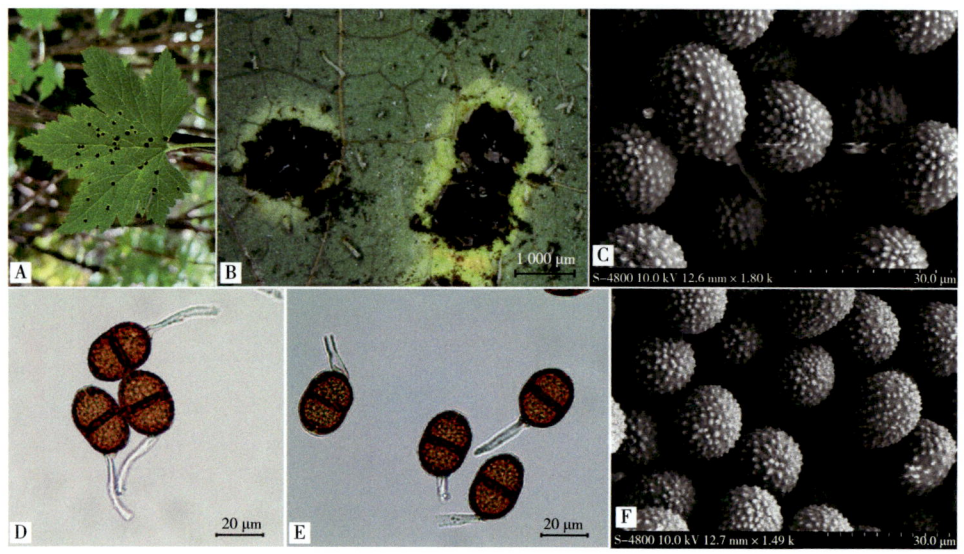

A—寄主植物生境；B—冬孢子堆；C、F—冬孢子（SEM）；D、E—冬孢子（LM）。

图3-22　茶藨子柄锈菌冬孢子阶段形态特征
（寄主：冰川茶藨子*Ribes glaciale*）

国内分布：湖北、新疆、四川、西藏、吉林、黑龙江、陕西、青海。

世界分布：北温带广布。

讨论：茶藨子柄锈菌（*Puccinia ribis*）主要分布在北半球高纬度寒温带或高山区。冬孢子的大小因寄主和地区而异，其主要鉴别特征是冬孢子具有明显的粗疣，下细胞芽孔位于基部，上细胞芽孔有明显的宽孔帽。茶藨子柄锈菌还寄生于*Ribes atropurpureum*、糖茶藨子（*Ribes himalense*）、天山茶藨子（*Ribes meyeri*）、长白茶藨子（*Ribes komarovii*）等茶藨子属（*Ribes*）植物上，该种在冰川茶藨子（*Ribes glaciale*）上的寄生是中国的新纪录，也是青海省的新纪录种。

（23）异株薹草柄锈菌

Puccinia dioicae Magnus, Amtl.Ber.50 Versa mml.Deut.Naturf.Arzte,

Munchen, 199, 1877.

性孢子器生于叶上面，圆形，直径0.1~0.2 mm，聚生，蜜黄色。

锈孢子器生于叶两面，杯状，直径0.1~0.4 mm，黄色，包被开口边缘处反卷，白色；锈孢子角球形，（16.6~21.1）μm×（11.1~17.2）μm，壁薄，串生，淡黄色或无色，孢子表面具短柱状细疣，有圆形或椭圆形的光滑区域，上面附着球状颗粒物（图3-23）。

A、B—寄主植物生境；C—锈孢子器；D—锈孢子（LM）；E、F—锈孢子（SEM）。

图3-23 异株蓼草柄锈菌锈孢子阶段形态特征
（寄主：菊科Asteraceae）

寄主及分布：

0，I

菊科（Asteraceae），黄南藏族自治州麦秀林区，采集点坐标101°52′13″E，35°14′59″N，海拔3 297.9 m，采集人徐琪、贺凤英，标本编号QHU2022022、QHU2022038；采集点坐标101°55′22″E，35°14′29″N，海拔3 094.5 m，采集人徐琪、何琴恩，标本编号QHU2022040。

国内分布：北京、河南、四川、辽宁、江苏、河北、新疆、吉林、黑龙江、内蒙古、青海。

世界分布：欧洲、北美洲、亚洲。

讨论：本种为青海新纪录种。

（24）狼针草柄锈菌

Puccinia stipina Tranzschel, Krypt.Fl.Brandenburg 5a: 477, 1913.

锈孢子器生于叶下面，小群聚生，直径0.1～0.5 mm，橙黄色，初期有白色膜状包被，后期破裂，杯状，开口处包被撕裂、反卷；锈孢子圆形、椭圆形或矩圆形，（19.8～25.9）μm×（18.6～23.0）μm，黄色，壁0.6～2.4 μm厚，黄色或浅褐色，孢子表面密生扁平冠状细疣（图3-24）。

A、B—寄主植物生境；C—锈孢子器；D、E—锈孢子（LM）；F—锈孢子（SEM）。

图3-24 狼针草柄锈菌锈孢子阶段形态特征

（寄主：白花枝子花*Dracocephalum heterophyllum*）

寄主及分布：

Ⅰ

白花枝子花（*Dracocephalum heterophyllum*），黄南藏族自治州麦秀林区，采集点坐标101°08′28″E，35°27′26″N，海拔3 062.6 m，采集人徐琪、方泰军，标本编号QHU2022030。

国内分布：北京、河南、四川、辽宁、江苏、河北、新疆、吉林、黑龙江、内蒙古、青海。

世界分布：欧洲、北美洲、亚洲。

讨论：本种为青海新纪录种。

（25）尼泊尔独活柄锈菌

Puccinia heraclei-nepalensis Durrieu, Mycotaxon 9(2): 489. 1979.

锈孢子器生于叶下面，短杯状，聚生，直径0.1～0.3 mm，裸露，前期黄色后期变为白色；锈孢子圆形、矩圆形或水滴形，（19.8～21.7）μm×（15.6～19.8）μm，金黄色，壁厚1.4～3.2 μm，无色或淡黄色，孢子表面密布钉头状突起，有时互相联合成小脊（图3-25）。

寄主及分布：

Ⅰ

白亮独活（*Heracleum candicans*），玉树藏族自治州东仲林区，采集点坐标96°32′31″E，31°50′12″N，海拔3 861.2 m，采集人何琴恩、张黎明，标本编号QHU2023053。玉树藏族自治州勒巴沟林场，采集点坐标97°12′12″E，32°54′46″N，海拔3 689.1 m，采集人何琴恩、方泰军，标本编号QHU2021019。

国内分布：西藏、青海。

世界分布：尼泊尔、中国。

讨论：白亮独活（*Heracleum candicans*）上曾报道的其他锈菌有*Puccinia heraclei*、*Aecidium ranunculacearum*、*Aecidium stewartianum*。庄剑云（2003）报道了采自西藏独活属、棱子芹属植物上的尼泊尔独活柄锈菌（*Puccinia heraclei-nepalensis*），详细描述了其夏孢子和冬孢子阶段的形态特征，但没有记载其锈孢子阶段。此种之前仅在喜马拉雅地区分布，本研究的标本采自青海省玉树林区，仅有锈孢子阶段，未发现夏孢子和冬孢子阶段。分子系统学研究结果显示该菌属于柄锈菌属（*Puccinia* sp.）。由于青海省玉树藏族自治州和西藏喜马拉雅地区边界接近，且地理环境相似，本研究将该菌暂定为尼泊尔独活柄锈菌。该种为青海新纪录种。

A—寄主植物生境；B—锈孢子器；C、D—锈孢子（LM）；E、F—锈孢子（SEM）。

图3-25　尼泊尔独活柄锈菌锈孢子阶段形态特征
（寄主：白亮独活*Heracleum candicans*）

（26）柄锈菌属 *Puccinia* sp.（待发表）

冬孢子堆生于叶后面，聚生，圆形或椭圆形，直径0.1～0.5 mm，栗褐色，前期被寄主植物表皮覆盖，后期破裂裸露；冬孢子椭圆形、纺锤形或多角形，（30.7～44.8）μm×（17.4～25.3）μm，栗褐色，侧壁1.4～2.3 μm厚，乳突1.6～4.4 μm长，黄色，上细胞芽孔顶生，孢子表面较光滑疏具疣突（图3-26）。

A、B—寄主植物生境；C—冬孢子堆；D—冬孢子（LM）；E—冬孢子（SEM）。

图3-26　柄锈菌属冬孢子阶段形态特征
（寄主：掌叶橐吾*Ligularia przewalskii*）

寄主及分布：

Ⅲ

掌叶橐吾（*Ligularia przewalskii*），果洛藏族自治州玛珂河林区，采集点坐标100°57′33″E，32°40′54″N，海拔3 368.6 m，采集人徐琪、何琴恩，标本编号QHU2023090。

国内分布：青海。

世界分布：中国特有。

讨论：掌叶橐吾（*Ligularia przewalskii*）上曾报道过橐吾鞘锈菌（*Coleosporium ligulariae*），经过形态学和系统发育学研究，其结果表明本研究中的锈菌属于柄锈菌属（*Puccinia* sp.）锈菌，此前并没有相关记载，我们认为该种为一新种，待发表。该种为中国首次发现，为中国特有种，为青海省新纪录种。

（27）石生薹草柄锈菌

Puccinia rupestris Juel, Bot.Notiser: 56, 1893.

锈孢子器生于叶下面，杯状，直径0.1~0.4 mm，黄色，聚生，边缘反卷有缺刻，乳白色或淡黄色；锈孢子矩圆形，（20.5~35.1）μm×（17.5~23.1）μm，串生，壁0.6~1.3 μm厚，黄色，孢子表面密生大小不一的疣状突起，光滑区上附着直径1~2 μm的球形瘤状物（图3-27）。

A、B—寄主植物生境；C—锈孢子器；D—锈孢子（LM）；E、F—锈孢子（SEM）。

图3-27 石生薹草柄锈菌锈孢子阶段形态特征
（寄主：风毛菊属*Saussurea* sp.）

寄主及分布：

Ⅰ

风毛菊属（*Saussurea* sp.），黄南藏族自治州麦秀林区，采集点坐标101°52′11″E，35°24′17″N，海拔3 225.1 m，标本编号QHU2022041。

国内分布：内蒙古、青海。

世界分布：瑞典、挪威、中国。

讨论：据Gaumann（1959）报道，本种的夏孢子堆和冬孢子堆生于石薹草（*Carex rupestris*）上，国内暂未发现。

（28）蓝药蓼柄锈菌

Puccinia polygoni-cyanandri J.Y. Zhuang, S.X. Wei, Mycosystema 19: 155, 2000.

夏孢子堆生于叶两面，主要生于叶上面，散生或聚生，裸露，圆形，直径0.2～0.6 mm，肉桂褐色或褐色；夏孢子圆形或椭圆形，（20.8～25.2）μm×（20.4～22.7）μm，壁1.5～2.1 μm厚，肉桂褐色，孢子表面布满圆形、矩圆形或不规则略凹陷底座，底座上生1～2个尖刺状突起。

冬孢子堆似夏孢子堆，黑褐色；冬孢子椭圆形、矩圆形或梭形，（25.2～39.4）μm×（16.9～20.7）μm，壁1.2～2.1 μm厚，两端圆或缢缩，隔膜处微缢缩，浅褐色，孔帽1.2～2.1 μm厚，扁圆，淡黄色，柄长达12 μm，无色，易断，孢子表面光滑，有少量纤维状物质附着，孔帽位置皱缩（图3-28）。

A、B—寄主植物生境；C—冬孢子堆；D—冬孢子（LM）；E—冬孢子、夏孢子（LM）；F—夏孢子（SEM）；G—冬孢子（SEM）。

图3-28 蓝药蓼柄锈菌夏孢子、冬孢子阶段形态特征
（寄主：蓝药蓼*Koenigia cyanandra*）

寄主及分布：

Ⅱ，Ⅲ

蓝药蓼（*Koenigia cyanandra*），果洛藏族自治州玛柯河林区，采集点坐标100°52′07″E，32°49′31″N，海拔3 576.9 m，采集人徐琪、何琴恩，标本编号QHU2023082。西宁市大通县宝库林场，采集点坐标101°34′21″E，37°04′50″N，海拔2 470.3 m，采集人徐琪，标本编号QHU2023001。

国内分布：甘肃、青海。

世界分布：中国特有。

讨论：该种夏孢子堆和冬孢子堆在叶上生长的情况与庄剑云（2003）的报道不同，他观察到该种夏孢子堆和冬孢子堆均在叶下生长。我们猜测这可能是由于环境条件的差异所致。

（29）柄锈菌属*Puccinia* sp.（待发表）

夏孢子堆生于叶两面，散生或聚生，裸露，圆形或椭圆形，直径0.7～1.2 mm，肉桂褐色或黄褐色，前期被寄主表皮覆盖后期裸露；夏孢子圆形、椭圆形或矩圆形，（35.1～43.7）μm×（27.5～33.7）μm，淡黄色，壁1.2～4.5 μm厚，淡黄色，孢子表面具刺，刺基部有近圆形略凹陷底座，刺尖稍弯。

冬孢子堆似夏孢子堆，黑褐色；冬孢子圆形或椭圆形，（23.4～26.4）μm×（14.4～21.6）μm，浅褐色，壁厚均匀，0.9～1.2 μm，浅褐色，柄长达27 μm，无色，易从基部断裂（图3-29）。

寄主及分布：

Ⅱ，Ⅲ

小大黄（*Rheum pumilum*），果洛藏族自治州洋玉林区，采集点坐标100°33′37″E，34°32′56″N，海拔3 482.7 m，采集人徐琪、李玉英，标本编号QHU2023094；采集点坐标100°33′37″E，34°32′45″N，海拔3 476.4 m，采集人徐琪、李海兰，标本编号QHU2021055。西宁市大通县宝库林场，采集点坐标101°20′38″E，37°04′06″N，海拔2 469.6 m，采集人徐琪，标本编号QHU2023049。

国内分布：青海。

世界分布：中国特有。

A、B—寄主植物生境；C—夏孢子堆；D—冬孢子堆；E—冬孢子（LM）；
F—冬孢子、夏孢子（LM）；G、H—夏孢子（SEM）。

图3-29　柄锈菌属夏孢子、冬孢子阶段形态特征
（寄主：小大黄 *Rheum pumilum*）

讨论：小大黄（*Rheum pumilum*）广泛分布于青藏高原高山或亚高山草甸地区，具有较高的药用价值，此前并没有任何一种病害在小大黄上被报道过，经过形态学和分子系统学研究，发现本种属于柄锈菌属（*Puccinia* sp.）锈菌，并将此种定为一新种，待发表。这是中国特有种，是青海省新纪录种。

（30）阿嘉菊柄锈菌矢车菊变种

Puccinia calcitrapae var. *Centaureae* (de Candolle) Cummins, Mycotaxon 5: 402, 1977.

冬孢子堆生于叶两面，主要生在叶下面，散生，常布满整个叶面，圆形或椭圆形，长0.4~1.6 cm，粉状，栗褐色；冬孢子近球形、椭圆形、宽椭圆形、矩圆形或不规则倒卵形，（24~44）μm×（21~26）μm，两端圆或基部稍窄，隔膜处不缢缩或稍缢缩，壁2~2.5 μm厚，顶端不增厚，黄褐色或肉桂褐色，上细胞芽孔顶生或稍偏下，下细胞芽孔略离隔膜或生于中部，柄无色，易断，长可达50 μm（图3-30）。

A、D—寄主植物生境；E—冬孢子堆；F—冬孢子（LM）。

图3-30 阿嘉菊柄锈菌矢车菊变种冬孢子阶段形态特征
（寄主：A、B：刺儿菜*Cirsium arvense* var. *Integrifolium*，
C、D：红花*Carthamus tinctorius*）

寄主及分布：

Ⅲ

刺儿菜（*Cirsium arvense* var. *Integrifolium*），西宁市城西区，采集点坐标101°42′13″E，36°31′14″N，海拔2 214.2 m，采集人白露超，标本编号QHU2022248。

红花（*Carthamus tinctorius*），海东市平安区，采集点坐标102°06′34″E，36°30′12″N，海拔2 642.4 m，采集人徐琪，标本编号QHU2023106、QHU2023122。

国内分布：北京、黑龙江、吉林、辽宁、河北、山西、内蒙古、山东、江苏、河南、陕西、甘肃、青海、宁夏、新疆、云南、四川、贵州、重庆、西藏。

世界分布：北温带广布，传播到新西兰。

（31）柄锈菌属 *Puccinia* sp.（待发表）

锈孢子器生于叶下面呈大小不一的圆群或椭圆群，聚生，直径0.3～1.2 cm，黄色；锈孢子圆形、椭圆形或矩圆形，（20.83～25.11）μm×（20.06～21.25）μm，壁1.5～2.1 μm厚，黄色，孢子表面密布大小不一的颗粒状细疣，有光滑区（图3-31）。

A、B—寄主植物生境；C、E—锈孢子器；D—锈孢子（LM）；F、G—锈孢子（SEM）。

图3-31 柄锈菌属性孢子、锈孢子阶段形态特征

（寄主：卷叶黄精 *Polygonatum cirrhifolium*）

寄主及分布：

Ⅰ

卷叶黄精（*Polygonatum cirrhifolium*），西宁市湟中区上五庄林场，采集点坐标101°26′12″E，36°47′51″N，海拔2 546.0 m，采集人徐琪、何琴恩，标本编号QHU2022139、QHU2022140。

国内分布：青海。

世界分布：中国特有。

讨论：卷叶黄精（*Polygonatum cirrhifolium*）上此前并未报道什么锈菌，本研究仅发现锈菌锈孢子阶段。

（32）柄锈菌属*Puccinia* sp.（待发表）

锈孢子器生于叶下面，圆群或椭圆群，聚生，直径0.7～1.2 cm，黄色；锈孢子圆形、椭圆形或矩圆形，（9.8～13.5）μm×（5.9～8.7）μm，壁1.1～1.7 μm厚，黄色，孢子表面密布大小不一的颗粒状细疣（图3-32）。

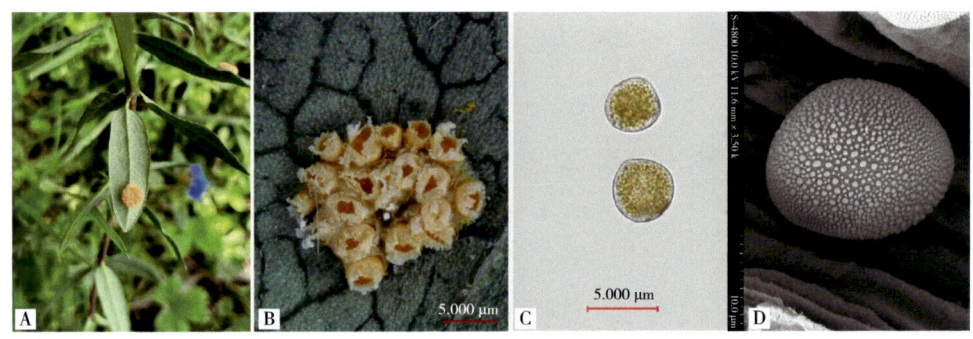

A—寄主植物生境；B—锈孢子器；C—锈孢子（LM）；D—锈孢子（SEM）。

图3-32 柄锈菌属锈孢子阶段形态特征
（寄主：岩生忍冬 *Lonicera rupicola*）

寄主及分布：

Ⅰ

岩生忍冬（*Lonicera rupicola*），西宁市大通县宝库林场，采集点坐标101°22′34″E，37°09′15″N，海拔2 472.1 m，采集人徐琪，标本编号QHU2023006、QHU2023018。

国内分布：青海。

世界分布：中国特有。

（33）艾菊柄锈菌原变种

Puccinia tanaceti de Candolle var. tanaceti, Flore Française 2: 222, 1805.

夏孢子堆叶两面生，以叶下面为主，散生或聚生，圆形或椭圆形，直径0.2~1.0 mm，初期覆盖于寄主表皮下，后期表皮破裂裸露，粉状，黄褐色；夏孢子椭圆形、倒卵形或近球形，（19~37.5）μm×（15~25）μm，壁1.5~2.5 μm厚，褐色，有孔帽，孢子表面有细刺（图3-33）。

A—寄主植物生境；B—夏孢子堆；C—夏孢子（LM）；D、E—夏孢子（SEM）。

图3-33 艾菊柄锈菌原变种夏孢子阶段形态特征
（寄主：黄花蒿 *Artemisia annua*）

寄主及分布：

Ⅱ

黄花蒿（*Artemisia annua*），西宁市北山林场，采集点坐标101°49′13″E，36°37′12″N，海拔2 256.1 m，采集人徐琪、甘生珊，标本编号QHU2022055。

紫花野菊（*Chrysanthemum zawadskii*），海东市民和县杏儿林场，采集点坐标102°40′45″E，35°52′26″N，海拔2 467.4 m，采集人徐琪、何琴恩，标本编号QHU2022082。

国内分布：北京、黑龙江、吉林、河北、山西、内蒙古、山东、江苏、安徽、台湾、湖南、湖北、陕西、甘肃、青海、宁夏、新疆、云南、四川、贵州、重庆、西藏。

世界分布：世界广布。

（34）斑点柄锈菌

Puccinia punctata Link, Mag. Gesell. Naturf. Freunde, Berlin 7: 30, 1815.

锈孢子器生子叶下面，杯状，橘黄色，边缘反卷；锈孢子近球形或椭圆形，（17～22）μm×（13～19）μm，壁约1 μm厚，黄色。

夏孢子堆生于叶两面，圆形或椭圆形，直径0.2～0.5 mm，散生或聚生，裸露，粉状，肉桂褐色；夏孢子近球形或倒卵形，（22～28）μm×（17～23）μm，壁1.5～1.9 μm厚，有刺，淡褐色或肉桂褐色，孢子表面密生叉子状或冠状细疣，顶端2～4开裂（图3-34）。

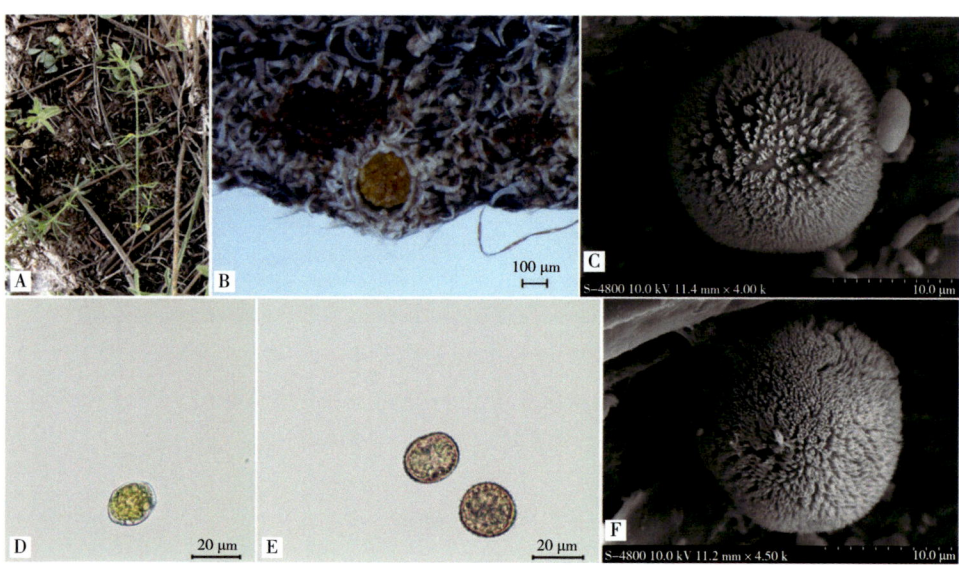

A—寄主植物生境；B—锈孢子器、夏孢子堆；C、F—夏孢子（SEM）；
D—锈孢子（LM）；E—夏孢子（LM）。

图3-34　斑点柄锈菌锈孢子、夏孢子阶段形态特征
（寄主：蓬子菜*Galium verum*）

寄主及分布：

Ⅰ，Ⅱ

蓬子菜（*Galium verum*），西宁市西山林场，采集点坐标101°43′24″E，36°37′15″N，海拔2 518.9 m，采集人徐琪、甘生珊，标本编号QHU2022045。

国内分布：黑龙江、吉林、河北、内蒙古、山东、台湾、陕西、甘肃、青海、新疆、云南、四川。

世界分布：世界广布。

讨论：本种多生于拉拉藤属*Galium*植物上。本种为青海省新纪录种。

3.1.2 罩膜双胞锈菌属*Miyagia*

香青罩膜双胞锈菌

Miyagia anaphalidis Miyabe ex H.Sydow & P.Sydow, Ann.Mycol.11: 107, 1913.

夏孢子堆生于叶下面，初期被寄主植物表皮覆盖，隆起，直径0.2~0.7 mm，淡黄色，包被白色；夏孢子球形、椭圆形或倒卵形，直径（23.8~28.0）μm×（19.3~24.7）μm，壁0.8~1.3 μm厚，淡黄色或无色（图3-35）。

寄主及分布：

Ⅱ

乳白香青（*Anaphalis lactea*），黄南藏族自治州麦秀林区，采集点坐标101°27′59″E，35°35′42″N，海拔2 901.2 m，采集人徐琪、李海兰，标本编号QHU2022164、QHU2022044。海东市循化县文都林场，采集点坐标102°25′36″E，35°45′36″N，海拔2 165.3 m，采集人徐琪，标本编号QHU2022049。

淡黄香青（*Anaphalis flavescens*），黄南藏族自治州麦秀林区，采集点坐标101°17′28″E，35°35′05″N，海拔2 953.6 m，采集人徐琪、甘生珊，标本编号QHU2022158。西宁市南山，采集点坐标101°46′33″E，36°35′59″N，海拔2 387.2 m，采集人徐琪、甘生珊，标本编号QHU2022049。

国内分布：西藏、河南、湖北、四川、陕西、云南、甘肃、青海。

世界分布：日本、俄罗斯远东地区、中国、尼泊尔。

讨论：本种已知寄主植物尚有尖叶香青（*Anaphalis acutifolia*）、黄腺香青（*Anaphalis aureopunctata*）、蛛毛香青（*Anaphalis busua*）、铃铃香青（*Anaphalis hancockii*）、黄褐珠光香青（*Anaphalis margaritacea* var. *Cinnamomea*）、尼泊尔香青（*Anaphalis nepalensis*）等，乳白香青（*Anaphalis lactea*）和淡黄香青（*Anaphalis flavescens*）上首次发现了香青罩膜双胞锈菌。

A、B—寄主植物生境；C、D—夏孢子堆；E、F—夏孢子（LM）。

图3-35 香青罩膜双胞锈菌夏孢子阶段形态特征
（寄主：香青属*Anaphalis* sp.）

3.1.3 单胞锈菌属*Uromyces*

（1）狼毒乌头单胞锈菌

Uromyces lycoctoni (Kalchbrenner) Trotter, Flora Italica Cryptogama 1: 64, 1908.

锈孢子器生于叶下面、叶脉和叶柄上，呈大小不一的圆群，寄生部位肿胀变形，直径0.3～1.5 mm，黄色；锈孢子长椭圆形或水滴形，

（43.2～61.8）μm×（18.3～25.1）μm，壁1.5～3.1 μm厚，黄色，表面密生短柱状细疣，顶部平截，并通过微小的纤维物质相互连接。

冬孢子堆生于叶两面，大多生于叶上面，圆形或椭圆形，直径0.1～0.7 mm，前期被寄主表皮覆盖后期破裂，小群聚生，栗褐色或黑褐色；冬孢子倒卵形、椭圆形或近球形，直径（30～45.1）μm×（20～28.4）μm，壁1.2～1.9 μm厚，顶壁略增厚，柄无色，短，易断（图3-36）。

A～C—寄主植物生境；D—冬孢子堆；E—锈孢子器；F、G—锈孢子（SEM）；
H—锈孢子（LM）；I—冬孢子（LM）。

**图3-36 狼毒乌头单胞锈菌锈孢子、冬孢子阶段形态特征
（寄主：高乌头Aconitum sinomontanum）**

寄主及分布：

Ⅰ，Ⅲ

高乌头（*Aconitum sinomontanum*），海南藏族自治州贵德县江拉林场，采集点坐标101°36′57″E，36°13′50″N，海拔2 917.7 m，采集人徐琪、毛晓宁，标本编号QHU2023104。西宁市大通县宝库林场，采集点坐标101°22′31″E，37°09′16″N，海拔2 470.3 m，采集人徐琪，标本编号QHU2023003。

国内分布：新疆、陕西、河北、吉林、青海。

世界分布：北温带广布。

讨论：迄今为止本种未发现独立产生的夏孢子堆，夏孢子仅见于早期的冬孢子堆中，数量很少，在较晚的冬孢子堆中很难见到，其夏孢子表面纹饰为线状排列的疣或条纹状突起，与常见夏孢子表面纹饰不同，尚不知其在生活史中的作用。本研究尚未发现夏孢子及夏孢子堆。

（2）拉伯兰单胞锈菌

Uromyces lapponicus Lagerheim, Bot. Notiser 1890.

锈孢子器生于叶下面，圆形或椭圆形，杯状，直径0.1~0.3 mm，密集聚生，常布满全叶，新鲜时黄色，后白色，包被白色或淡黄色，开口处向外反卷开裂；锈孢子圆形或椭圆形，（16.8~19.2）μm×（16.2~18）μm，壁1~1.2 μm厚，无色或淡黄色，孢子表面密布大小不一的颗粒状细疣。

冬孢子堆生于叶下面，圆形或椭圆形，直径0.2~0.5 mm，散生，栗褐色，粉状，周围被破裂的寄主表皮围绕；冬孢子椭圆形或倒卵形，（19.1~24.0）μm×（18.4~21.3）μm，两端圆或基部略狭，壁厚1.5~2.2 μm，栗褐色，柄无色，易断（图3-37）。

寄主及分布：

Ⅰ，Ⅲ

黄芪属（*Astragalus* sp.），黄南藏族自治州麦秀林区，采集点坐标101°26′19″E，35°26′52″N，海拔3 241.2 m，采集人徐琪、何琴恩，标本编号QHU2022150。

棘豆属（*Oxytropis* sp.），黄南藏族自治州麦秀林区，采集点坐标101°10′31″E，35°26′25″N，海拔2 942.1 m，采集人甘生珊、穆海霞，标本编号QHU2022080。

国内分布：北京、山西、新疆、西藏、四川、甘肃、陕西、青海。

世界分布：北半球寒、温带广布。

讨论：本种为环北方种，多分布于北半球高纬度地区，目前仅知寄生于棘豆属（*Oxytropis* sp.）和黄芪属（*Astragalus* sp.）植物上，生活史为缺夏型。

A、B—寄主植物生境；C—锈孢子器；D—冬孢子堆；
E—冬孢子和锈孢子（LM）；F—锈孢子（SEM）。

图3-37　拉伯兰单胞锈菌锈孢子、冬孢子阶段形态特征
（寄主：棘豆属*Oxytropis* sp.）

(3) 暗昧岩黄耆单胞锈菌

Uromyces hedysari-obscuri (DC.) Carestia & Picc., in Orbigny, Erb. Critt. Ital., Ser.2, Fasc.9: 447, 1871.

锈孢子器生于叶后面，聚生，杯状，直径0.18~0.3 mm，橙黄色，边缘反卷开裂，淡白色；锈孢子矩圆形、椭圆形或不规则形，（16.9~21.4）μm×（14.8~19.3）μm，壁1~1.2 μm厚，内容物金黄色。

冬孢子堆生于叶两面，主要生于叶下面，圆形、椭圆形或不规则形，直径0.1~0.7 mm，散生，裸露，粉状，黑褐色；冬孢子圆形、矩圆形、椭圆形或梭形，（18.6~24.7）μm×（14.4~18.0）μm，两端圆或缢缩，壁厚0.8~1.5 μm，栗褐色，顶壁2.3~4.0 μm厚，柄无色，易断，孢子表面密被脊状突起（图3-38）。

A—寄主植物生境；B—锈孢子器；C—冬孢子堆；D—锈孢子（LM）；
E—冬孢子（LM）；F—冬孢子（SEM）。

图3-38 暗昧岩黄耆单胞锈菌锈孢子、冬孢子阶段形态特征
（寄主：黄芪属*Astragalus* sp.）

寄主及分布：

Ⅰ，Ⅲ

锡金岩黄芪（*Hedysarum sikkimense*），玉树藏族自治州勒巴沟林场，采集点坐标97°22′46″E，32°13′42″N，海拔3 721.2 m，采集人徐琪，标本编号QHU2022235；采集点坐标97°35′51″E，32°17′29″N，海拔3 694.9 m，采集人徐琪、贺凤英，标本编号QHU2022236。海北藏族自治州祁连县，采集点坐标100°07′44″E，38°11′37″N，海拔2 949.3 m，采集人徐琪，标本编号QHU2021044。

宽叶岩黄芪（*Hedysarum polybotrys* var. *alaschanicum*），果洛藏族自治州洋玉林区，采集点坐标100°33′37″E，34°32′52″N，海拔3 477.9 m，采集人徐琪、何琴恩，标本编号QHU2021003。玉树藏族自治州勒巴沟林场，采集点坐标97°22′45″E，32°13′39″N，海拔3 734.2 m，采集人徐琪、何琴恩，标本编号QHU2023120。西宁市大通县北川河国家级自然保护区，采集点坐标101°34′32″E，37°09′58″N，海拔2 944.35 m，采集人徐琪、何琴恩，标本编号QHU2023043。

黄芪属（*Astragalus* sp.），玉树藏族自治州东仲林区，采集点坐标97°27′19″E，32°40′24″N，海拔3 600.5 m，采集人徐琪、李玉英，标本编号QHU2023057。玉树藏族自治州勒巴沟林场，采集点坐标97°22′36″E，32°13′47″N，海拔3 731.5 m，采集人徐琪、何琴恩，标本编号QHU2021024、QHU2021022。

国内分布：吉林、河北、山西、陕西、内蒙古、新疆、西藏、青海。

世界分布：北温带广布。

讨论：庄剑云曾报道本种产生次生锈孢子器或杯状夏孢子堆，夏孢子似锈孢子，在我们的标本上未发现次生锈孢子器和杯状夏孢子堆。本种为青海新纪录种。

3.1.4　胶锈菌属*Gymnosporangium*

（1）角状胶锈菌

Gymnosporangium cornutum, Arthur ex F. Kern, Bull. N.Y. Bot. Gard. 7:

444, 1911.

性孢子器生于叶上面，埋于寄主表皮下，聚生，近球形，直径0.1～0.15 mm，初期蜡黄色，后期变黑色。

锈孢子器生于叶下面或茎秆上，角状，高0.7～1.5 mm，直径0.2～0.4 mm，晚期顶端开裂但整体保持角状；锈孢子球形、椭圆形、矩圆形或不规则形，（28.1～36.2）μm×（23.2～34.1）μm，暗黄色，壁0.8～2.4 μm厚，黄褐色，孢子表面密生叉子状或冠状细疣，顶端2～5开裂（图3-39）。

A～D—寄主植物生境；E—锈孢子（LM）；F—锈孢子器；G、H—锈孢子（SEM）。

图3-39 角状胶锈菌锈孢子阶段形态特征
（寄主：陕甘花楸 *Sorbus koehneana*）

寄主及分布：

0，I

陕甘花楸（*Sorbus koehneana*），玉树藏族自治州江西林场，采集点坐标96°15′28″E，32°27′17″N，海拔3 682.8 m，采集人徐琪、何琴恩，标本编号QHU2022223。玉树藏族自治州东仲林区，采集点坐标97°27′20″E，32°40′24″N，海拔3 591.6 m，采集人徐琪、谭紫涵，标本编号QHU2023060。果洛藏族自治州玛珂河林区，采集点坐标100°52′09″E，32°49′28″N，海拔

3 648.5 m，采集人徐琪、谭紫涵，标本编号QHU2023085。

国内分布：内蒙古、宁夏、新疆、四川、青海。

世界分布：北温带广布。

讨论：本种冬孢子阶段在欧洲为欧洲刺柏（*Juniperus co mmunis*），在北美洲为西伯利亚刺柏（*Juniperus co mmunis* var. *saxatilis*），在中国为杜松（*Juniperus rigida*），分布于贺兰山。

（2）*Gymnosporangium pleoporum*

Gymnosporangium pleoporum Y.M. Liang & B. Cao, sp. Nov.

性孢子器生于叶上面，点状，直径0.1~0.3 mm，聚生，初期蜡黄色，后变黑色。

锈孢子器生于叶下面或果实上，毛刷状，长0.1~0.4 mm，白色或淡棕色，顶端开裂；锈孢子圆形或椭圆形，（24.9~26.7）μm×（22.3~25.5）μm，壁1.8~3 μm厚，黄褐色，孢子表面密布冠状疣突，顶端开裂。

冬孢子堆生于茎或枝条上，不规则形隆起，深褐色，遇水萌发呈胶状，橙黄色；冬孢子双胞，长纺锤形，（51.2~70.7）μm×（15.7~24.1）μm，壁0.8~1.5 μm厚，两端狭，有乳突（图3-40）。

寄主及分布：

0，I

灰栒子（*Cotoneaster acutifolius*），玉树藏族自治州江西林场，采集点坐标96°15′33″E，32°27′30″N，海拔3 688.5 m，采集人何琴恩、方泰军，标本编号QHU2022215；黄南藏族自治州麦秀林区，采集点坐标101°16′59″E，35°35′27″N，海拔2 908.2 m，采集人贺风英、李海兰，标本编号QHU2022145，QHU2022162；采集点坐标101°09′41″E，35°27′56″N，海拔3 124.3 m，采集人徐琪、何琴恩，标本编号QHU2022014。

Ⅲ

祁连圆柏（*Juniperus przewalskii*），玉树藏族自治州勒巴沟林场，采集点坐标97°21′56″E，32°12′07″N，海拔3 745.1 m，采集人何琴恩、李海兰，标本编号QHU2023025。

A~D—寄主植物生境；E—锈孢子器；F—冬孢子堆；G—冬孢子（LM）；
H—锈孢子（LM）；I、J—锈孢子（SEM）。

图3-40 *Gymnosporangium pleoporum*锈孢子、冬孢子阶段形态特征
（寄主：A、B为祁连圆柏*Juniperus przewalskii*；C、D为灰栒子*Cotoneaster acutifolius*）

国内分布：青海。

世界分布：中国特有。

讨论：大多数胶锈菌属的冬孢子每个细胞都有2个芽孔，而本种冬孢子则有5~8个芽孔，并且这些芽孔是分散排列的。曹槟（2020）经过形态学和系统发育学研究，确定该种为一新种。

（3）黄龙胶锈菌

Gymnosporangium Huanglongense Y.M. Liang & B. Cao, in Cao, Tian & Liang, Mycotaxon 131(2): 378(2016).

冬孢子堆生于茎或枝条上，扁锥状或不规则隆起，高2.5~4.3 mm，深褐色；冬孢子双胞，长纺锤形，（51.2~70.7）μm×（15.7~24.1）μm，壁0.8~1.6 μm厚，两端狭，柄极长（图3-41）。

A、B—寄主植物生境；C、D—冬孢子堆；E、F—冬孢子（LM）。

图3-41 黄龙胶锈菌冬孢子阶段形态特征
（寄主：祁连圆柏*Juniperus przewalskii*）

寄主及分布：

Ⅲ

祁连圆柏（*Juniperus przewalskii*），果洛藏族自治州玛珂河林区，采集点坐标100°58′08″E，34°31′07″N，海拔3 622.1 m，采集人何琴恩，标本编号QHU2023023；黄南藏族自治州麦秀林区，采集点坐标101°16′59″E，35°28′42″N，海拔2 904.2 m，采集人徐琪、何琴恩，标本编号QHU2023024。

国内分布：青海。

世界分布：中国特有。

讨论：本种为祁连圆柏上报道的第一种胶锈菌，其冬孢子非常长，可达100 μm，其他几种胶锈菌如*G. clavariforme*、*G. fsisporuim*、*G. gracite*、*G. clavariforme*、*G. gracile*，都产生圆柱形冬孢子堆，此种易于区分。此外，这种胶锈菌的每个细胞都有两个芽孔。

（4）困惑胶锈菌

Gymnosporangium confusum, Plowright, A Monograph of the British Uredineae and Ustilagineae, p. 232, 1889.

性孢子器生于叶上面，点状，直径0.1～0.25 mm，聚生，初期蜡黄色，后变黑色。

锈孢子器生于叶下面，毛刷状，长0.1～0.3 mm，白色或淡棕色；锈孢子圆形或椭圆形，（24.9～26.7）μm×（22.3～25.5）μm，壁1.2～2.3 μm厚，黄褐色，散生，孢子表面布满冠状细疣，顶端开裂（图3-42）。

A、B—寄主植物生境；C、D—锈孢子器；E—锈孢子（LM）；F—锈孢子（SEM）。

图3-42 困惑胶锈菌锈孢子阶段形态特征
（寄主：水栒子*Cotoneaster multiflorus*）

寄主及分布：

0，I

匍匐栒子（*Cotoneaster adpressus*），玉树藏族自治州江西林场，采集点坐标96°15′28″E，32°27′18″N，海拔3 680.2 m，采集人徐琪、何琴恩，标本编号QHU2022217。

水栒子（*Cotoneaster multiflorus*），玉树藏族自治州江西林场，采集点坐标96°15′28″E，32°27′35″N，海拔3 681.8 m，采集人徐琪、何琴恩，标本编号QHU2022244。

国内分布：陕西、四川、云南、新疆、西藏、青海。

世界分布：欧亚温带、非洲北部。

（5）山田胶锈菌

Gymnosporangium yamadae, Miyabe ex G Yamada in Omori & Yamada,

Shokabutsu Byorigaku (Plant Pathology), p.306, 1904.

性孢子器生于叶上面，点状，小群聚生，直径0.1～0.2 mm，初期蜡黄色，后期变为黑色。

锈孢子器生于叶下面，长角状，高0.8～6 mm，直径0.2～0.5 mm，包被网状，白色或浅棕色；锈孢子球形、矩圆形或椭圆形，（21.6～24.0）μm×（16.0～20）μm，壁1.6～2.1 μm厚，棕黄色，孢子表面密生冠状细疣，顶端开裂（图3-43）。

A、B—寄主植物生境；C、F—锈孢子器；D、E—性孢子器；G—锈孢子（SEM）；H—锈孢子（LM）。

图3-43　山田胶锈菌性孢子、锈孢子阶段形态特征
（寄主：梨*Pyrus* sp.）

寄主及分布：

0，I

梨（*Pyrus* sp.），黄南藏族自治州麦秀林区，采集点坐标101°56′08″E，

35°54′35″N，海拔2 908.2 m，采集人徐琪、何琴恩，标本编号QHU2022244。

国内分布：北京、湖北、新疆、陕西、甘肃、湖北、江苏、云南、四川、青海。

世界分布：日本、朝鲜半岛、俄罗斯远东地区、中国。

讨论：本种冬孢子阶段可侵染圆柏（*Juniperus chinensis*）、铺地柏（*Juniperus procumbens*）。本种为青海新纪录种。

（6）*Gymnosporangium annulatum*

Gymnosporangium annulatum Y.M. Liang & B. Cao, sp. nov.2014.

性孢子器生于叶上面，小群聚生，直径0.15～1.2 mm，蜡黄色（图3-44）。

A—性孢子器。

图3-44　*Gymnosporangium annulatum*锈孢子阶段形态特征
（寄主：荀子属*Cotoneaster* sp.）

寄主及分布：

Ⅰ

荀子属（*Cotoneaster* sp.），黄南藏族自治州麦秀林区，采集点坐标101°56′08″E，35°54′35″N，海拔2 781.5 m，采集人徐琪、贺抓西吉，标本编号QHU2022134。

国内分布：北京、湖北、新疆、陕西、甘肃、湖北、江苏、云南、四川、青海。

世界分布：日本、朝鲜半岛、俄罗斯远东地区、中国。

讨论：2014年曹槟在甘肃采集的荀子属（*Cotoneaster* sp.）植物上发现了本种，其性孢子器生于叶上面，小群聚生，初期黄色后期黑色。锈孢子器生于叶片下面，圆形或球形，直径1~2 mm，顶端开裂，包被细胞菱形，（42~112）μm×（14~30）μm，内壁侧壁表面褶皱，外壁光滑；锈孢子球形或椭球形，黄褐色，（21~28）μm×（17~26）μm，壁1~2.5 μm厚，芽孔5个以上孔，散生。未发现夏孢子堆和冬孢子堆。本研究只发现本种性孢子阶段，其他阶段均未发现，经分子系统学研究，确定本种为*Gymnosporangium annulatum*。

3.2 膨痂锈菌科Pucciniastraceae

明痂锈菌属*Hyalopsora*

Hyalopsora adianti-capilli-veneris

Hyalopsora adianti-capilli-veneris (DC.) Syd. 1903.

夏孢子堆生于叶上面，散生，直径0.18~0.3 mm，橘黄色，初期被寄主表皮覆盖后期裸露，包被透明；夏孢子长椭圆形或梭形，（29.5~33.1）μm×（10.6~17.7）μm，黄色，侧壁1.1~3.2 μm厚，顶壁增厚可至6 μm，无色或淡黄色，孢子表面分布小颗粒疣突（图3-45）。

寄主及分布：

Ⅱ

铁线蕨（*Adiantum capillus-veneris*），果洛藏族自治州玛珂河林区，采集点坐标101°49′27″E，32°46′05″N，海拔3 625.2 m，采集人徐琪，标本编号QHU2023078。

国内分布：青海。

世界分布：伊朗、意大利、法国、西班牙、英国、葡萄牙、巴基斯坦。

讨论：凤尾蕨科（Pteridaceae）铁线蕨属（*Adiantum*）铁线蕨（*Adiantum capillus-veneris*）是一种起源古老的陆生植物，可追溯至泥盆纪（约4亿年前）。铁线蕨及其相关物种的持续生存，几乎未经大的改变，使得它们被科学界认为是"活化石"。铁线蕨上已报道三种锈菌，即*Hyalopsora adian-*

ti-capilli-veneris、*H. polypodii*、*Uredo capilli-veneris*。本研究于青海果洛玛珂河林区发现被锈菌侵染的铁线蕨，后经过形态学和分子发育学分析，确定该种为*Hyalopsora adianti-capilli-veneris*。本种为中国新纪录种，青海新纪录种。

A、B—寄主植物生境；C、D—夏孢子堆；E—夏孢子（LM）；F—夏孢子（SEM）。

图3-45 *Hyalopsora adianti-capilli-veneris*夏孢子阶段形态特征
（寄主：铁线蕨 *Adiantum capillus-veneris*）

3.3 多胞锈菌科Phragmidiaceae

多胞锈菌属*Phragmidium*

（1）安德森多胞锈菌

Phragmidium andersoni Shear, Bull. Torrey Bot. Club 29: 453, 1902.

锈孢子位于叶下面或茎秆上，聚生，圆形，寄主植物被寄生部位肿大，裸露、粉状，橙黄色；包被细胞多角形；锈孢子椭圆形或矩圆形，（18~23）μm×（15~20）μm，壁1.5~2 μm厚，橙黄色（图3-46）。

A—寄主植物生境；B—锈孢子器；C—锈孢子包被细胞（LM）；D—锈孢子（LM）。

图3-46　安德森多胞锈菌锈孢子阶段形态特征
（寄主：金露梅 *Dasiphora fruticosa*）

寄主及分布：

Ⅱ

金露梅（*Dasiphora fruticosa*），黄南藏族自治州麦秀林区，采集点坐标101°55′18″E，35°53′35″N，海拔2 771.5 m，采集人何琴恩、贺抓西吉，标本编号QHU2023105。

国内分布：内蒙古、甘肃、四川、西藏、新疆、青海。

世界分布：北美洲北部、欧洲北部、亚洲（俄罗斯东西伯利亚、蒙古国、中国北部及青藏高原）。

讨论：本种仅知寄生于金露梅上，为北极高山种。

（2）覆盆子多胞锈菌

Phragmidium rubi-idaei (DC.) P. Karst. Bidr. Kann. Finl. Nat. Folk 31: 52(1879).

性孢子器生于叶上面，聚生，常被锈孢子器包围，不明显，直径0.1～0.3 mm，蜜黄色。

锈孢子器多生于叶上面，环状聚生，圆形或椭圆形，直径0.1～0.2 mm，裸露，粉状，鲜黄色；锈孢子似夏孢子。

夏孢子堆生于叶下面，散生或聚生，圆形，有时与冬孢子混生，直径0.2～1.2 mm，裸露，粉状，鲜黄色；侧丝周生，头状，向内弯曲；夏孢子球形、椭球形或水滴形，直径（21.9～33.9）μm×（16.2～26.2）μm，壁1.2～1.8 μm厚，淡黄色或无色，孢子表面具均匀尖刺，刺尖稍弯。

冬孢子生于叶下面，散生或聚生，圆形或椭圆形，0.5～1.1 mm，常互相连合，裸露，粉状，黑色；冬孢子圆柱形，（77.1～98.5）μm×（30.3～30.7）μm，6～7个细胞，栗褐色，顶端圆或略尖，隔膜处不缢缩，乳突长8.1～33.8 μm，柄长43.3～113.0 μm，下部膨大有时柄下部开裂，柄内部金黄色，不脱落，孢子表面具大小不一粗疣，似苦瓜（图3-47）。

寄主及分布：

0，Ⅰ，Ⅱ，Ⅲ

库页悬钩子（*Rubus sachalinensis*），黄南藏族自治州麦秀林区，采集点坐标101°26′16″E，35°26′52″N，海拔3 280.7 m，采集人方泰军、何琴恩，标本编号QHU2022151。果洛藏族自治州玛珂河林区，采集点坐标100°52′09″E，32°49′30″N，海拔3 590.2 m，采集人徐琪、何琴恩，标本编号QHU2023084。海南洛藏族自治州贵德县西河林场，采集点坐标101°34′34″E，36°15′26″N，海拔3 209.9 m，采集人徐琪、毛晓宁，标本编号QHU2023102。海东市互助县磨尔沟，采集点坐标101°54′03″E，36°57′40″N，海拔3 082.9 m，采集人徐琪、李海兰，标本编号QHU2022005。海东市民和县西沟国有林场，采集点坐标102°40′34″E，36°14′40″N，海拔2 249.2 m，采集人徐琪、何琴恩，标本编号QHU2022064。海东市循化撒拉族自治县夕昌林场，采集点坐标102°39′06″E，35°58′31″N，海拔2 025.3 m，采集人徐琪、李海兰，标本编号QHU2022108。海北藏族自治州祁连县，采集点坐标100°09′47″E，38°17′36″N，海拔2 953.2 m，采集人徐琪，标本编号QHU2022173、QHU2023026。海北藏族自治州门源县仙米林场，采集点坐标101°53′31″E，37°17′20″N，海拔2 816.1 m，采集人徐琪、冷文博，标本编号QHU2022195。

国内分布：黑龙江、内蒙古、甘肃、新疆、陕西、青海。

世界分布：北温带广布、新西兰。

A、B—寄主植物生境；C—锈孢子器；D—夏孢子堆和冬孢子堆；E—冬孢子（SEM）；F—夏孢子（LM）；G—冬孢子（LM）；H—夏孢子堆（SEM）；I、J—夏孢子（SEM）。

图3-47 覆盆子多胞锈菌夏孢子、冬孢子阶段形态特征
（寄主：库页悬钩子*Rubus sachalinensis*）

讨论：本种为青海新纪录种。

（3）委陵菜多胞锈菌

Phragmidium potentillae, (Persoon) P. Karsten, Bird. Kanned. Finl. Nat. Folk 3: 49(1879).

夏孢子堆生于叶下面、花萼、叶柄或茎秆上，散生或聚生，圆形或椭圆形，直径0.2～0.5 mm，橙黄色，裸露，粉状；侧丝周生，棍棒形；夏孢子球形、椭球形或水滴形，（16.5～25.1）μm×（16.1～24.0）μm，壁0.5～1.6 μm厚，橙黄色，表面密生细刺。

冬孢子堆生于叶下面、花萼、叶柄或茎秆上，散生或不规则聚生，圆形或椭圆形，直径0.1～0.7 mm，裸露，微粉状，隆起，黑色；冬孢子圆柱形，（63.1～100.6）μm×（22.2～27.6）μm，2～6个细胞，顶端圆、略尖或有时具有短乳突，隔膜处不缢缩或微缢缩，壁0.5～1.5 μm厚，栗褐色或暗褐色，柄（50.3～183.8）μm×（8.2～11.2）μm，无色，不脱落（图3-48）。

寄主及分布：

Ⅱ，Ⅲ

钉柱委陵菜（*Potentilla saundersiana*），黄南藏族自治州麦秀林区，采集点坐标101°56′18″E，35°25′51″N，海拔3 271.6 m，采集人徐琪、何琴恩，标本编号QHU2022019。果洛藏族自治州玛珂河林区，采集点坐标100°52′12″E，32°49′33″N，海拔3 575.6 m，采集人徐琪、何琴恩，标本编号QHU2021054。海东市循化县文都林场，采集点坐标102°26′41″E，35°46′16″N，海拔2 145.2 m，采集人徐琪，标本编号QHU2022137。海北藏族自治州门源县仙米林场，采集点坐标101°51′33″E，37°19′22″N，海拔2 856.7 m，采集人徐琪、冷文博，标本编号QHU2022186。

多裂委陵菜（*Potentilla multifida*），黄南藏族自治州麦秀林区，采集点坐标101°09′27″E，35°26′53″N，海拔3 155.4 m，采集人方泰军、李海兰，标本编号QHU2022037；玉树藏族自治州江西林场，采集点坐标96°14′47″E，32°27′15″N，海拔3 745.2 m，采集人徐琪，标本编号QHU2022202、QHU2022229。海北藏族自治州祁连县，采集点坐标100°19′41″E，38°27′16″N，海拔2 943.1 m，采集人徐琪，标本编号QHU2022178、

QHU2023029。海北藏族自治州门源县仙米林场，采集点坐标101°49′36″E，37°09′58″N，海拔2 857.9 m，采集人徐琪、冷文博，标本编号QHU2022185。

A~E—寄主植物生境；F—夏孢子（LM）；G—冬孢子堆；H、I—冬孢子堆和夏孢子堆；J—冬孢子（LM）；K、L—冬孢子和夏孢子（LM）；M、N—夏孢子（SEM）。

图3-48　委陵菜多胞锈菌夏孢子、冬孢子阶段形态特征
（寄主：钉柱委陵菜*Potentilla saundersiana*）

国内分布：北京、黑龙江、内蒙古、吉林、辽宁、河北、山西、山东、河南、甘肃、新疆、陕西、宁夏、云南、四川、青海。

世界分布：北温带广布。

讨论：委陵菜多胞锈菌（*Phragmidium potentillae*）在不同寄主植物上

的冬孢子细胞数量和柄的长度上存在较大差异。在同一份标本中，生长在茎上的冬孢子通常细胞较少，柄较短。

（4）小瘤多胞锈菌

Phragmidium tuberculatum Jul. Müller, Ber. Deutsch. Bot. Ges. 3: 391(1885).

夏孢子堆生于叶下面，圆形或圆环形，常互相连合，散生或聚生，直径0.3～0.4 mm，裸露，粉状，橙黄色；侧丝周生，棍棒状，向内弯曲，长38～62 μm；夏孢子球形或椭球形，（20.3～22.5）μm×（15.6～18.3）μm，壁1.2～1.9 μm厚，黄色或无色，孢子表面密生细刺，刺基部具有球形、椭圆形及不规则形突起的基座（图3-49）。

A、B—寄主植物生境；C—夏孢子堆；D—夏孢子（LM）；E—夏孢子和侧丝（LM）；F—夏孢子堆（SEM）；G—夏孢子和侧丝（SEM）；H~J—夏孢子（SEM）。

图3-49 小瘤多胞锈菌夏孢子、冬孢子阶段形态特征
（寄主：峨眉蔷薇*Rosa omeiensis*）

寄主及分布：

Ⅱ

峨眉蔷薇（*Rosa omeiensis*），黄南藏族自治州麦秀林区，采集点坐标101°22′46″E，35°24′46″N，海拔3 075.7 m，采集人何琴恩、方泰军，标本编号QHU2022012、QHU2022036；采集点坐标101°43′44″E，36°29′41″N，海拔3 096.4 m，采集人徐琪、甘生珊，标本编号QHU2022144、QHU2022170。果洛藏族自治州玛珂河林区，采集点坐标100°52′15″E，32°49′29″N，海拔3 565.1 m，采集人徐琪、何琴恩，标本编号QHU2021026。海东市民和县西沟国有林场，采集点坐标102°41′35″E，36°24′41″N，海拔2 239.1 m，采集人徐琪、何琴恩，标本编号QHU2022066。海东市循化县道帏林场，采集点坐标102°29′35″E，35°39′43″N，海拔2 779.3 m，采集人徐琪、何琴恩，标本编号QHU2022094、QHU2022102；采集点坐标102°47′28″E，35°34′10″N，海拔3 081.5 m，采集人徐琪、何琴恩，标本编号QHU2022098、QHU2022100。

陕西蔷薇（*Rosa giraldii*），黄南藏族自治州麦秀林区，采集点坐标101°03′13″E，35°24′06″N，海拔3 297.9 m，采集人徐琪，标本编号QHU2022024。

蔷薇属（*Rosa* sp.），黄南藏族自治州麦秀林区，采集点坐标101°52′20″E，35°21′14″N，海拔2 902.1 m，采集人徐琪、贺抓西吉，标本编号QHU2022157。果洛藏族自治州洋玉林场，采集点坐标100°16′11″E，34°27′21″N，海拔3 826.9 m，采集人徐琪、何琴恩，标本编号QHU2021010。果洛藏族自治州玛珂河林区，采集点坐标100°49′28″E，32°46′06″N，海拔3 466.3 m，采集人徐琪、何琴恩，标本编号QHU2023079；采集点坐标100°49′28″E，32°46′05″N，海拔3 482.2 m，采集人徐琪、张黎明，标本编号QHU2023081；采集点坐标100°57′32″E，32°40′55″N，海拔3 314.4 m，采集人徐琪、谭紫涵，标本编号QHU2023089。海南藏族自治州贵德县西河林场，采集点坐标101°34′32″E，36°15′30″N，海拔2 932.3 m，采集人徐琪、毛晓宁，标本编号QHU2023099。海东市循化县道帏林场，采集点坐标102°28′36″E，35°41′40″N，海拔2 782.4 m，采集人徐琪、何琴恩，标本编号QHU2022107。西宁市大通县宝库林场，采集点坐标101°26′39″E，37°08′58″N，海拔2 459.3 m，采集人徐琪，标本编号QHU2023005、QHU2023047。西宁市大通县北川河国家级自然保护区，采集点坐标101°26′07″E，37°05′17″N，海拔2 856.4 m，采集人徐琪、何琴恩，标本编号QHU2023040。海北藏族自治州门源县仙米林场，采集点坐标101°36′07″E，37°25′01″N，海拔2 856.1 m，采集人徐琪、冷文博，标本编号QHU2023027、QHU2023028。

国内分布：北京、内蒙古、山西、新疆、云南、四川、湖北、甘肃、重庆、青海。

世界分布：欧亚温带广布。

3.4 伞锈菌科Raveneliaceae

花孢锈菌属*Nyssopsora*

亚洲花孢锈菌

Nyssopsora asiatica, Lütjeharms, Blumea Suppl. I. 29(6): 153, 1937.

夏孢子堆生于叶下，与冬孢子堆混生，圆形，裸露，粉状，淡黄色；夏孢子圆形或椭圆形，（13.2～18.5）μm×（12.3～14.4）μm，壁厚0.7～1.0 μm，淡黄色，孢子表面密生粗疣，顶部平截。

冬孢子堆生于叶两面，主要生于叶背，圆形，直径（2.3～5.3）μm×（1.6～4.1）mm，散生或不规则松散群生，裸露，粉状，黑色；冬孢子三孢，近三角状球形，隔膜处略缢缩，（30.1～35.2）μm×（27.6～30.7）μm，壁厚2.0～4.2 μm，栗褐色或黑褐色，孢子表面具有柄状突起，14～20个或更多，长4～13 μm，基部宽1.8～3.0 μm，顶端2～4分叉，栗褐色或淡褐色（图3-50）。

寄主及分布：

Ⅱ，Ⅲ

狭叶五加（*Eleutherococcus wilsonii*），玉树藏族自治州江西林场，采集点坐标96°09′47″E，32°29′38″N，海拔3 728.6 m，采集人徐琪、何琴恩，标本编号QHU2022221。

国内分布：黑龙江、云南、青海。

世界分布：中国、日本、俄罗斯远东地区。

A、B—寄主植物生境；C—夏孢子堆和冬孢子堆；D—冬孢子（LM）；
E—冬孢子堆（SEM）；F—夏孢子（SEM）；G、H—冬孢子（SEM）。

图3-50　亚洲花孢锈菌夏孢子、冬孢子阶段形态特征
（寄主：狭叶五加 *Eleutherococcus wilsonii*）

讨论：本种大多寄生于五加科（Araliaceae）植物上，如食用土当归（*Aralia cordata*）、楤木（*Aralia chinensis*）、黄毛楤木（*Aralia chinensis*）、鹅掌柴（*Heptapleurum heptaphyllum*）等，狭叶五加（*Eleutherococcus wilsonii*）上首次报道了此种，为寄主新纪录，青海省新纪录。

3.5　鞘锈菌科 Coleosporiaceae

3.5.1　鞘锈菌属 *Coleosporium*

（1）马先蒿鞘锈菌

Coleosporium pedicularis F.L. Tai, Farlowia 3: 100(1947).

夏孢子堆生于叶两面或茎上，散生或不规则聚生，近球形，直径 0.1～1.1 mm，粉状，金黄色或橘黄色；夏孢子近球形、椭球形或矩球形，（18.9～31.8）μm×（12.9～23.3）μm，黄色，壁 1.2～1.4 μm 厚，无色，孢子表面密布钉状粗疣，疣高 1.5～2.0 μm，常互相联合成短脊或网状（图3-51）。

A—寄主植物生境；B—夏孢子堆；C—夏孢子（LM）；D、E—夏孢子（SEM）。

图3-51 马先蒿鞘锈菌夏孢子阶段形态特征
（寄主：中国马先蒿Pedicularis croizatiana）

寄主及分布：

Ⅱ

中国马先蒿（Pedicularis croizatiana），玉树藏族自治州江西林场，采集点坐标96°45′19″E，32°27′09″N，海拔3 681.2 m，采集人徐琪、何琴恩，标本编号QHU2022203、QHU2022219。玉树藏族自治州勒巴沟林场，采集点坐标97°21′53″E，32°17′56″N，海拔3 683.8 m，采集人徐琪，标本编号QHU2022237。玉树藏族自治州东仲林区，采集点坐标97°27′20″E，32°40′22″N，海拔3 628.4 m，采集人徐琪、李玉英，标本编号QHU2023065。果洛藏族自治州洋玉林场，采集点坐标100°16′13″E，34°27′15″N，海拔3 855.9 m，采集人徐琪、李海兰，标本编号QHU2021007。海东市化隆县雄先林场，采集点坐标101°45′39″E，36°16′08″N，海拔2 902.8 m，采集人徐琪，标本编号QHU2022140。

国内分布：四川、云南、西藏、山西、陕西、青海。

世界分布：中国、尼泊尔。

讨论：本种常见于我国西部，生于多种马先蒿植物上。本种为青海省新纪录种。

（2）中国鞘锈菌

Coleosporium sinicum Mu Wang & J.Y. Zhuang, Nova Hedwigia 81(3-4): 540. 2005.

夏孢子堆生于叶下面，散生或不规则聚生，毛刷状；夏孢子近球形、椭圆形或矩圆形，（20~32）μm×（12~23）μm，壁约1μm厚或不及，黄色，表面密布小疣（图3-52）。

A、B—寄主植物生境；C、D—夏孢子堆；E—夏孢子（LM）；F—夏孢子（SEM）。

图3-52 中国鞘锈菌夏孢子阶段形态特征
（寄主：蚂蚱腿子*Pertya dioica*）

寄主及分布：

Ⅱ

蚂蚱腿子（*Pertya dioica*），黄南藏族自治州麦秀林区，采集点坐标101°52′24″E，35°21′15″N，海拔2 972.1 m，采集人徐琪、贺抓西吉，标本编号QHU2022025、QHU2022027、QHU2022154、QHU2022165。

国内分布：北京、河北、青海。

世界分布：中国特有种。

讨论：此前，庄剑云等在寄主植物蚂蚱腿子*Pertya dioica*上发现了中国鞘锈菌*Coleosporium sinicum*。在对该菌的夏孢子进行描述时，指出其夏孢子堆为粉状。然而，本研究发现该菌的夏孢子堆具有毛刷状包被。这一差异可能是由于此前研究的寄主植物仅分布于中国华北地区，而在青海地区首次发现该菌。这一现象或许是高原独特的环境条件导致的变异，但这一假设需要通过分子系统学研究结果的比对来验证。

3.5.2 金锈菌属 *Chrysomyxa*

（1）伏鲁宁金锈菌

Chrysomyxa woroninii, Tranzschel, Centralbl. Bakteriol. 2. Abth. 11-06(1903).

锈孢子器生于叶背面，埋生于寄主表皮下；锈孢子单胞，椭球形、矩球形或卵形，（23~34）μm×（16~28）μm，黄色，高1.5~2 μm，宽0.5~2 μm，孢子表面分布圆柱状突起，顶端平截，常互相联合呈脊状（图3-53）。

A—寄主植物生境；B、C—锈孢子器；D—锈孢子（LM）；E、F—锈孢子（SEM）。

图3-53 伏鲁宁金锈菌锈孢子阶段形态特征

（寄主：千里香杜鹃 *Rhododendron thymifolium*）

寄主及分布：

Ⅰ

千里香杜鹃（*Rhododendron thymifolium*），黄南藏族自治州麦秀林区，采集点坐标101°56′08″E，35°54′35″N，海拔3 068.3 m，采集人徐琪，标本编号QHU2022004。果洛藏族自治州洋玉林场，采集点坐标100°16′19″E，34°27′13″N，海拔3 869.4 m，采集人徐琪、何琴恩，标本编号QHU2021031。

国内分布：黑龙江、青海。

世界分布：欧洲、亚洲、北美洲北部寒带和亚寒带广布。

讨论：伏鲁宁金锈菌（*Chrysomyxa woroninii*）性、锈孢子阶段寄生于红皮云杉（*Picea koraiensis*）、鱼鳞云杉（*Picea jezoensis*）等云杉属（*Picea*）植物上，但本研究经过形态学和分子发育学分析，发现其锈孢子阶段还可寄生于千里香杜鹃（*Rhododendron thymifolium*），为寄主新纪录。

（2）祁连金锈菌

Chrysomyxa qilianensis Y.C. Wang, X.B. Wu & B. Li, Acta Mycol. Sin. 6(2): 87., 1987.

锈孢子器生于云杉嫩芽上，长条状或舌状，0.5～2.3 mm，隆起，包被白色，向外翻卷；锈孢子圆形、椭圆形或倒卵形，直径（16.68～46.85）μm×（14.95～37.77）μm，壁厚2.8～7.45 μm，孢子表面具有钉头状疣突。冬孢子堆生于叶下面，蘑菇状，具长柄，（310.28～738.06）μm×（162.57～603.02）μm（图3-54）。

寄主及分布：

Ⅰ

青海云杉（*Picea crassifolia*），黄南藏族自治州麦秀林区，采集点坐标101°56′08″E，35°54′35″N，海拔3 068.3 m，采集人徐琪，标本编号QHU2022034。西宁市大通县宝库林场，采集点坐标101°26′34″E，37°08′29″N，海拔2 465.3 m，采集人徐琪，标本编号QHU2023008、QHU2023012、QHU2023008、QHU2023051。海东市互助县磨尔沟，采集点坐标101°54′04″E，36°57′43″N，海拔2 913.2 m，采集人徐琪、李海兰，标本编号QHU2022006、QHU2023044。

A~C—寄主植物生境；D—冬孢子堆；E—锈孢子器；F—冬孢子（LM）；
G—锈孢子（LM）；H、I—冬孢子（SEM）。

图3-54 祁连金锈菌锈孢子、冬孢子阶段形态特征
（寄主：A、B陇蜀杜鹃 *Rhododendron przewalskii*，C青海云杉 *Picea crassifolia*）

Ⅳ

陇蜀杜鹃（*Rhododendron przewalskii*），海东市循化县道帏林场，采集点坐标102°47′29″E，35°34′14″N，海拔3 065.1 m，采集人徐琪、何琴恩，标本编号QHU2022088、QHU2022091。西宁市大通县宝库林场，采集点坐标101°26′36″E，37°08′19″N，海拔2 455.1 m，采集人徐琪、李海兰，标本编号QHU2023010、QHU2023013。

国内分布：甘肃、青海。

世界分布：中国特有。

讨论：王云章等根据交互接种试验及自然发病现象观察，本种可在青海云杉*Picea erassifolia*和陇蜀杜鹃*Rhododenadron przewalskii*之间转换寄主。在青海云杉自然发病区域发现有4种杜鹃，即烈香杜鹃*Rhadodentron amhropoconoides*、头花杜鹃*R. copicarum*、陇蜀杜鹏*R. przewalskii*和千里香杜鹃*R. ihomiTolro*。接种试验证实仅在*R. przewalskii*上产生冬孢子。多次接种试验均未见夏孢子产生，推测此菌属缺夏孢型。此菌在祁连山林区严重为害青海云杉，在1月下旬至8月上旬造成大量落叶；一般仅侵染当年新叶，2年以上老叶未见发病。

3.6 栅锈菌科Melampsoraceae

3.6.1 栅锈菌属*Melampsora*

（1）石竹小栅锈菌

Melampsorella caryophyllacearum J. Schroter, Hedwigia 13-85(1874).

夏孢子堆生于叶两面，主要生于叶正面，球形或椭球形，直径0.15～0.3 mm，淡黄色，散生或聚生，包被半球形，淡黄色或无色；夏孢子球形、椭球形或水滴形，（12.6～22.8）μm×（10.8～17.0）μm，内含物淡黄色，壁厚1 μm左右，无色，孢子表面不光滑，疏生细刺，刺基部有不规则基座，刺距3～4.5 μm（图3-55）。

A、B—寄主植物生境；C—夏孢子堆；D—夏孢子（LM）；E、F—夏孢子（SEM）。

图3-55　石竹小栅锈菌夏孢子阶段形态特征
（寄主：繁缕*Stellaria media*）

寄主及分布：

Ⅱ

繁缕（*Stellaria media*），黄南藏族自治州麦秀林区，采集点坐标101°29′16″E，35°20′18″N，海拔2 881.4 m，采集人徐琪，标本编号QHU2022111。

国内分布：四川、新疆、甘肃、青海。

世界分布：北温带广布。

（2）大戟栅锈菌

Melampsora euphorbiae Schub. C. Castagne 1843.

夏孢子堆生于叶下面，球形或椭球形，常互相连合呈不规则状，直径0.17～2.3 mm，裸露，粉状，金黄色；夏孢子堆具头状侧丝；夏孢子球形或椭球形，（17.2～23.7）μm×（14.7～18.0）μm，黄色，壁厚1.5～4 μm，孢子表面分布均匀细刺。

冬孢子堆生于叶下面，球形或椭球形，直径3.0～5.2 mm，呈蜡状覆盖叶表面，棕褐色，常与夏孢子堆混生；冬孢子棱柱形，（19.1～61.5）μm×（7.1～15.8）μm，侧壁1.0～1.5 μm厚，淡黄褐色，顶壁1.5～3.2 μm厚，黄褐色（图3-56）。

A、B—寄主植物生境；C—夏孢子堆和冬孢子堆；D—夏孢子（LM）；
E—夏孢子（SEM）；F—夏孢子堆（SEM）。

图3-56 大戟栅锈菌夏孢子、冬孢子阶段形态特征

（寄主：甘青大戟*Euphorbia micractina*）

寄主及分布：

Ⅱ，Ⅲ

甘青大戟（*Euphorbia micractina*），玉树藏族自治州勒巴沟林场，采集点坐标97°21′46″E，32°12′27″N，海拔3 785.6 m，采集人李海兰、贺凤英、甘生珊，标本编号QHU2022231。玉树藏族自治州东仲林区，采集点坐标97°27′28″E，32°40′31″N，海拔3 594.5 m，采集人徐琪，标本编号QHU2023056、QHU2021018。海东市民和县杏儿林场，采集点坐标102°41′06″E，35°52′41″N，海拔2 469.1 m，采集人徐琪、何琴恩，标本编号QHU2022078。

国内分布：黑龙江、吉林、河北、山西、内蒙古、山东、江苏、浙江、安徽、江西、湖北、广西、陕西、云南、贵州、西藏、四川、新疆、甘肃、青海。

世界分布：欧洲、北美洲、非洲、亚洲。

（3）白柳栅锈菌

Melampsora salicis-albae Sorauer, P. 68(1), 8-10(1892).

夏孢子堆生于叶两面、叶脉或枝条上，散生或聚生，常布满整个叶片，直径0.2～0.4 mm，裸露，粉状，橙黄色；夏孢子呈椭球形、倒卵形或水滴形，黄色，（24～28.8）μm×（11.2～19.2）μm，壁1.6～3.5 μm厚，孢子表面疏生细刺，顶部有光滑区（图3-57）。

寄主及分布：

Ⅱ

旱柳（*Salix matsudana*），黄南藏族自治州麦秀林区，采集点坐标101°29′18″E，35°37′07″N，海拔3 156.7 m，采集人徐琪，标本编号QHU2022200。西宁市大通县宝库林场，采集点坐标101°20′34″E，37°04′01″N，海拔2 449.1 m，采集人徐琪，标本编号QHU2023002、QHU2023050、QHU2021045。海北藏族自治州门源县仙米林场，采集点坐标101°43′45″E，37°19′51″N，海拔2 785.1 m，采集人徐琪，标本编号QHU2022190、QHU2022191。海西蒙古藏族自治州乌兰县哈里哈图森林公园，采集点坐标98°28′04″E，36°56′14″N，海拔2 970.2 m，采集人徐琪，标本编号QHU2022196。

国内分布：北京、内蒙古、新疆、甘肃、青海。

A~C—寄主植物生境；D、E—夏孢子堆；F—夏孢子（LM）；G—夏孢子（SEM）。

图3-57 白柳栅锈菌夏孢子阶段形态特征
（寄主：旱柳*Salix matsudana*）

世界分布：亚洲（印度、中国）、欧洲。

讨论：根据Wilson和Henderson（1966）的研究，发现本种夏孢子堆有两种类型：春季生长在幼枝和幼叶上，夏季和秋季生长在叶子上。此外，本研究在夏季发现夏孢子堆也会在老枝条和主干上生长。

（4）柳叶栅锈菌

Melampsora epitea Thüm., Mitt. Ver. Österr. 2: 38–40(1879).

夏孢子堆生于叶两面或花序上，多生于叶背，圆形或椭圆形，直径0.2~0.7 mm，散生，有时聚生在一起形成大孢子堆，裸露，粉状，橘黄色；侧丝头状，长34~72 μm，顶壁不加厚；夏孢子球形、矩球形或椭球形，黄色或橘黄色，（16.1~19.2）μm×（14.4~16.2）μm，壁1.6~2.5 μm厚，孢子表面分布均匀细刺（图3-58）。

A~D—寄主植物生境；E、F—夏孢子堆；G—夏孢子和侧丝（LM）；
H—夏孢子和侧丝（SEM）；I—夏孢子（SEM）。

**图3-58 柳叶栅锈菌夏孢子阶段形态特征
（寄主：柳属 *Salix* sp.）**

寄主及分布：

Ⅱ

中国黄花柳（*Salix sinica*），玉树藏族自治州江西林场，采集点坐标98°46′42″E，36°37′29″N，海拔2 970.2 m，采集人徐琪、李海兰，标本编号QHU2022201，采集人贺抓西吉、甘生珊，标本编号QHU2022226；玉树藏族自治州勒巴林场，采集点坐标97°21′38″E，32°12′07″N，海拔3 755.9 m，采集人徐琪，标本编号QHU2022242、QHU2021021。玉树藏族自治州东仲林区，采集点坐标96°29′33″E，31°49′12″N，海拔3 991.9 m，采集人徐琪、谭紫涵，标本编号QHU2023064。海东市循化县文都林场，采集点坐标102°18′35″E，35°44′4″N，海拔2 842.3 m，采集人徐琪，标本编号QHU2022130。

康定柳（*Salix paraplesia*），黄南藏族自治州麦秀林区，采集点坐标101°09′38″E，35°27′05″N，海拔3 124.7 m，采集人方泰军、何琴恩，标本编号QHU2022013、QHU2021037。海南藏族自治州贵德县西河林场，采集点坐标101°24′10″E，36°01′57″N，海拔2 218.9 m，采集人徐琪、毛晓宁，标本编号QHU2023108。海东市互助县磨尔沟，采集点坐标101°52′11″E，36°58′15″N，海拔2 893 m，采集人徐琪、李海兰，标本编号QHU2023045。

山生柳（*Salix oritrepha*），玉树藏族自治州勒巴林场，采集点坐标97°20′16″E，32°13′02″N，海拔3 728.6 m，采集人贺风英，标本编号QHU2022243。果洛藏族自治州洋玉林场，采集点坐标100°16′13″E，34°26′35″N，海拔3 849.4 m，采集人徐琪、何琴恩，标本编号QHU2021005、QHU2021016、QHU2021020；采集点坐标100°33′36″E，34°32′57″N，海拔3 405.9 m，采集人徐琪、谭紫涵，标本编号QHU2023112、QHU2023113。果洛藏族自治州玛珂河林区，采集点坐标100°50′58″E，32°48′03″N，海拔3 839.2 m，采集人徐琪、谭紫涵，标本编号QHU2023087。海东市民和县杏儿林场，采集点坐标102°41′6″E，35°52′43″N，海拔2 462.8 m，采集人徐琪、何琴恩，标本编号QHU2022085。海东市循化撒拉族自治县夕昌林场，采集点坐标102°29′44″E，35°39′44″N，海拔2 699.3 m，采集人徐琪、李海兰，标本编号QHU2022096、QHU2022103。

国内分布：内蒙古、陕西、新疆、甘肃、青海。

世界分布：亚洲、欧洲、北美洲、新西兰。

讨论：本研究发现夏孢子堆除了生于叶两面，也会在花絮上生长。

（5）落叶松杨栅锈菌

Melampsora laricis-populina Kleb., Z. PflKrankh., 12: 43, 1902.

夏孢子堆生于叶两面，主要生叶背面，球形或椭球形，直径0.1～0.2 mm，散生，裸露，粉状，橙黄色；夏孢子堆具头状侧丝，侧壁顶壁加厚，无色；夏孢子矩球形或长椭球形，（28.7～60.1）μm×（14.6～28.6）μm，黄色，壁在赤道处加厚，1.2～7.1 μm（图3-59）。

A、B—寄主植物生境；C—夏孢子堆；D—夏孢子（LM）；E—夏孢子和侧丝（LM）。

图3-59　落叶松杨栅锈菌夏孢子阶段形态特征
（寄主：青杨*Populus cathayana*）

寄主及分布：

Ⅱ

青杨（*Populus cathayana*），黄南藏族自治州麦秀林区，采集点坐标101°19′28″E，35°23′57″N，海拔2 989.4 m，采集人徐琪，标本编号QHU2022141、QHU2021038。海南藏族自治州贵德县江拉林场，采集点坐标101°30′22″E，35°52′33″N，海拔2 969.9 m，采集人徐琪、毛晓宁，标本编号QHU2023100、QHU2023107。海北藏族自治州祁连县，采集点坐标100°16′26″E，38°9′10″N，海拔2 779.4 m，采集人徐琪，标本编号QHU2022172。青海大学，采集点坐标101°44′58″E，36°43′41″N，海拔2 308.9 m，采集人徐琪、何琴恩，标本编号QHU2022246、QHU2022247。

新疆杨（*Populus alba* var. *pyramidalis*），西宁市西山林场，采集点坐标101°46′30″E，36°35′55″N，海拔2 414.9 m，采集人徐琪、甘生珊，标本编号QHU2022046。西宁市南山，采集点坐标101°44′40″E，36°37′22″N，海拔2 342.5 m，采集人徐琪、甘生珊，标本编号QHU2022047、QHU2022048、

QHU2022052。西宁市北山林场，采集点坐标101°49′03″E，36°37′22″N，海拔2 250.9 m，采集人徐琪、甘生珊，标本编号QHU2022057。西宁市湟中区上五庄林场，采集点坐标101°26′23″E，36°47′45″N，海拔2 542.4 m，采集人徐琪、何琴恩，标本编号QHU2022141。青海大学，采集点坐标101°45′03″E，36°43′31″N，海拔2 308.2 m，采集人徐琪、何琴恩，标本编号QHU2022245。

国内分布：北京、内蒙古、陕西、新疆、甘肃、黑龙江、吉林、辽宁、河北、山西、河南、云南、青海。

世界分布：亚洲、欧洲、大洋洲（新西兰、澳大利亚）。

（6）草野栅锈菌

Melampsora kusanoi S. Ito & Kuribayashi, J. Soc. Trop. Agric. 9-319 (1937).

夏孢子堆生于叶下面，球形或椭球形，直径0.17～0.4 mm，裸露，散生；夏孢子堆具头状侧丝，黄色，20.4～60.8 μm，顶壁稍加厚；夏孢子球形、椭球形或不规则形，黄色，直径（15.4～20.0）μm×（12.7～18.8）μm，壁厚1.5～2.4 μm，孢子表面分布均匀细刺，刺基部有圆环形凹陷底座。

冬孢子堆生于叶下面，呈不规则蜡状覆盖叶表面，与夏孢子堆混生，聚生，初期金黄色后转为棕褐色或黑褐色；冬孢子圆筒形或棍棒形，（20.4～31.5）μm×（5.8～12.3）μm，壁厚0.9～1.5 μm，顶端稍平或微圆，褐色或淡褐色（图3-60）。

寄主及分布：

Ⅱ，Ⅲ

突脉金丝桃（*Hypericum przewalskii*），黄南藏族自治州麦秀林区，采集点坐标101°22′08″E，35°25′17″N，海拔3 253.4 m，采集人穆海霞，标本编号QHU2022123、QHU2022194。海东市循化县道帏林场，采集点坐标102°47′28″E，35°34′10″N，海拔3 066.8 m，采集人徐琪、何琴恩，标本编号QHU2022093。海北藏族自治州门源县仙米林场，采集点坐标101°43′44″E，37°17′58″N，海拔2 775.3 m，采集人徐琪，标本编号QHU2023032。西宁市大通县宝库林场，采集点坐标101°20′36″E，37°08′19″N，海拔2 456.3 m，采集人徐琪，标本编号QHU2024001。

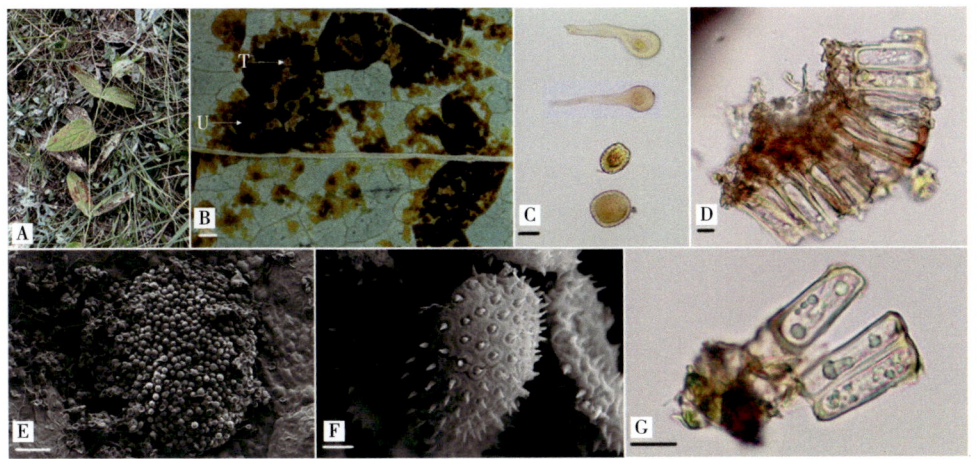

A—寄主植物生境；B—夏孢子堆和冬孢子堆；C—夏孢子和侧丝（LM）；
D、G—冬孢子（LM）；E—夏孢子堆（SEM）；F—夏孢子（SEM）。
（比例尺：B为1 cm；E为60 μm；C、D、G为10 μm；F为2 μm）

图3-60 草野栅锈菌夏孢子、冬孢子阶段形态特征
（寄主：突脉金丝桃 *Hypericum przewalskii*）

国内分布：北京、内蒙古、陕西、新疆、甘肃、辽宁、河北、山西、云南、四川、贵州、青海。

世界分布：尼泊尔、日本、朝鲜半岛、中国、俄罗斯远东地区、新西兰、澳大利亚。

讨论：该菌还寄生于细叶金丝桃（*Hypericum gramineum*、黄海棠（*Hypericum ascyron*）、短柱黄海棠（*Hypericum ascyron* sub sp.）、小连翘（*Hypericum erectum*）、台湾小连翘（*Hypericum taihezanense*）等金丝桃属（*Hypericum*）植物上，本研究发现该菌寄生于突脉金丝桃（*Hypericum przewalskii*），为寄主新纪录。

（7）狼毒栅锈菌

Melampsora stellerae Jacks. 2-496(1912).

夏孢子堆生于叶下或茎秆上，球形或椭圆形，散生，黄色；夏孢子堆具头状侧丝，顶壁不加厚；夏孢子球形或椭圆形，淡黄色，直径（16.8~23.0）μm×（15.9~17.0）μm，壁厚1.9~2.7 μm，孢子表面分布均匀细刺。

冬孢子堆生于叶下或茎秆上，有时与夏孢子堆混生，呈不规则蜡状覆盖叶表面，聚生，初期黄褐色后转为棕色或黑褐色；冬孢子圆筒形，黄色或黄褐色，（56.5～60.2）μm×（8.3～10.2）μm，顶端圆（图3-61）。

A—寄主植物生境；B—夏孢子堆；C—夏孢子堆和冬孢子堆；D—冬孢子（LM）；
E—夏孢子堆（SEM）；F—夏孢子（SEM）；G—夏孢子（LM）；
H—夏孢子和侧丝（LM）。

图3-61 狼毒栅锈菌夏孢子、冬孢子阶段形态特征
（寄主：狼毒*Stellera chamaejasme*）

寄主及分布：

Ⅱ，Ⅲ

狼毒（*Stellera chamaejasme*），玉树藏族自治州江西林场，采集点坐标96°14′02″E，32°27′49″N，海拔3 712.3 m，采集人徐琪，标本编号QHU2022205。玉树藏族自治州东仲林区，采集点坐标97°27′21″E，32°40′20″N，海拔3 646.2 m，采集人徐琪、李玉英，标本编号QHU2023062。果洛藏族自治州玛珂河林区，采集点坐标100°52′04″E，32°49′19″N，海拔3 625.1 m，采集人徐琪、何琴恩，标本编号QHU2021014。海北藏族自治州祁连县，采集点坐标100°18′20″E，38°09′18″N，海拔2 769.3 m，采集人徐琪，标本编号QHU2022179、QHU2021043。

国内分布：内蒙古、陕西、甘肃、山西、西藏、青海。

世界分布：中国、蒙古国。

3.6.2 夏孢锈菌属 *Uredo*

头花杜鹃夏孢锈菌

Uredo rhododendri-capitati Z.M. Cao & Z. Qi Li, in cao, Li & Zhuang, Mycosystema, 19(3)-314(2000).

锈孢子器生于叶背面，埋生于寄主表皮下，0.17～0.68 mm，黄色，包被白色；锈孢子单胞，椭球形、矩球形或卵形，（22.1～35.0）μm×（15.2～26.0）μm，黄色，孢子表面密布钉头状粗疣，顶端平截，常互相联合成短脊或网状（图3-62）。

A、B—寄主植物生境；C、F—锈孢子器；D、E—锈孢子（LM）；G、H—锈孢子（SEM）。

图3-62 头花杜鹃夏孢锈菌孢子阶段形态特征
（寄主：头花杜鹃 *Rhododendron capitatum*）

寄主及分布：

Ⅱ

头花杜鹃（*Rhododendron capitatum*），黄南藏族自治州麦秀林区，采集点坐标101°57′08″E，35°54′35″N，海拔3 058.5 m，采集人徐琪、李海兰，标本编号QHU2022003、QHU2022021。海东市互助县磨尔沟，采集点坐标101°51′23″E，36°57′16″N，海拔3 061.2 m，采集人徐琪、李海兰，标本编号QHU2022002。

国内分布：陕西、青海。

世界分布：中国。

3.7 查科锈菌科Chaconiaceae

赭痂锈菌属*Ochropsora*

美赭痂锈菌

Ochropsora ariae (Fuckel) Ramsb. Trans. Brit. Myc. Soc. 4: 337, 1914.

性孢子器生于叶上面，散生，圆形或圆锥形，直径0.1~0.2 mm，褐色。

锈孢子器生于叶两面，主要生于叶下面，直径0.3~0.4 mm，初期有白色膜状包被，后破裂，杯状；锈孢子矩圆形或椭圆形，（17.0~24.6）μm×（13.1~21.2）μm，壁厚1 μm，近无色，孢子表面布满密集细疣，有圆形或椭圆形球状附着物（图3-63）。

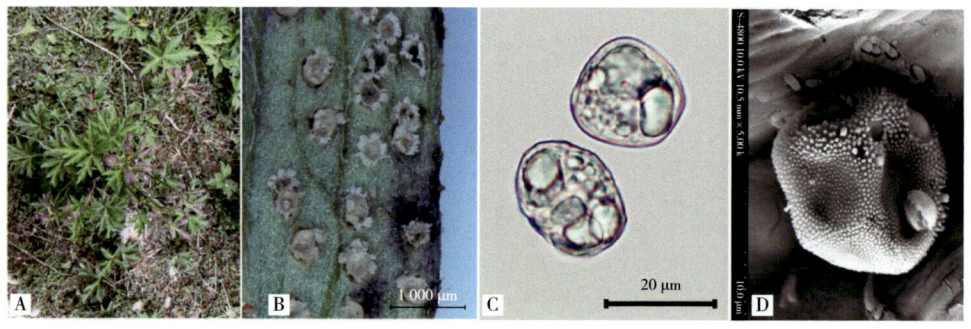

A—寄主植物生境；B—锈孢子器；C—锈孢子（LM）；D—锈孢子（SEM）。

图3-63 美赭痂锈菌性孢子、锈孢子阶段形态特征

（寄主：小花草玉梅*Anemone rivularis* var. *flore-minore*）

寄主及分布：

0，Ⅰ

小花草玉梅（*Anemone rivularis* var. *flore-minore*），黄南藏族自治州麦秀林区，采集点坐标101°54′34″E，35°16′19″N，海拔3 096.9 mm，采集人徐琪、甘生珊，标本编号QHU2022146。玉树藏族自治州江西林场，采集点坐标96°55′45″E，32°15′36″N，海拔3 679.5 m，采集人徐琪、何琴恩，标本编号QHU2022206。玉树藏族自治州东仲林区，采集点坐标97°27′19″E，32°40′19″N，海拔3 602.3 m，采集人徐琪、李玉英，标本编号QHU2023055。果洛藏族自治州玛珂河林区，采集点坐标100°52′04″E，32°49′26″N，海拔3 624.3 m，采集人徐琪、何琴恩，标本编号QHU2021032、QHU2021078。海东市民和县西沟国有林场，采集点坐标102°41′25″E，36°24′46″N，海拔2 259.9 m，采集人徐琪、何琴恩，标本编号QHU2022065。海东市循化县文都林场，采集点坐标102°21′27″E，35°42′33″N，海拔2 667.5 m，采集人徐琪，标本编号QHU2022116。

国内分布：内蒙古、福建、青海。

世界分布：亚洲（中国、以色列、日本、尼泊尔、土耳其）、欧洲（保加利亚、丹麦、芬兰、德国、希腊、挪威、波兰、瑞典、英国）。

讨论：本种夏孢子堆和冬孢子堆生于蔷薇科唐棣属（*Amelanchier*）、假升麻属（*Aruncus*）和花楸属（*Sorbu*s）植物上，青海省地区尚未发现。

4 青海省主要林区锈菌系统发育分析

4.1 ITS序列聚类分析

基于54条ITS序列，构建ML系统发育树（图4-1）。从图4-1中可以看出，青海省主要林区锈菌可分为7科。A1为柄锈菌科（Pucciniaceae），其自上而下包括27条柄锈菌属（*Puccinia*）锈菌和2条单胞锈菌属（*Uromyces*）锈菌聚为一枝，5条胶锈菌属（*Gymnosporangium*）锈菌聚为一枝。分别为蓝药蓼柄锈菌（*Puccinia polygoni-cyanandri*）、石生薹草柄锈菌（*Puccinia rupestris*）、头巾状柄锈菌（*Puccinia calumnata*）、龙胆柄锈菌（*Puccinia gentianae*）、薹草柄锈菌（*Puccinia caricis*）、寄生于小大黄（*Rheum pumilum*）上的柄锈菌（*Puccinia* sp.）、珠芽蓼柄锈菌（*Puccinia vivipari*）、露珠草柄锈菌（*Puccinia circaeae*）、溃疡柄锈菌（*Puccinia vomica*）、拳参柄锈菌（*Puccinia bistortae*）、细叶芹柄锈菌（*Puccinia chaerophylli*）、暗昧岩黄芪单胞锈菌（*Uromyces hedysari-obscuri*）、马格纳斯柄锈菌（*Puccinia magnusiana*）、禾柄锈菌（*Puccinia graminis*）、隐匿柄锈菌（*Puccinia recondita*）、茶藨子柄锈菌（*Puccinia ribis*）、条形柄锈菌原变种（*Puccinia striiformis*）、鞑靼茜草柄锈菌（*Puccinia rubiae-tataricae*）、狼针草柄锈菌（*Puccinia stipina*）、冠柄锈菌原变种（*Puccinia coronata* var. *Coronata*）、高粱柄锈菌（*Puccinia sorghi*）、尼泊尔独活柄锈菌（*Puccinia heraclei-nepalensis*）、狐茅柄锈菌（*Puccinia festucae*）聚为一支。黄龙胶锈菌（*Gymnosporangium Huanglongense*）、*Gymnosporangium pleoporum*、困惑胶锈菌（*Gymnosporangium confusum*）、山田胶锈菌（*Gymnosporangium yamadae*）、角状胶锈菌（*Gymnosporangium cornutum*）聚为一支。A2为多胞锈菌科（Phragmidiaceae），3种多胞锈菌属（*Phragmidium*）锈菌聚为一支，分别为委陵菜多胞锈菌（*Phragmidium potentillae*）、小瘤多胞锈菌（*Phragmidium tuberculatum*）、

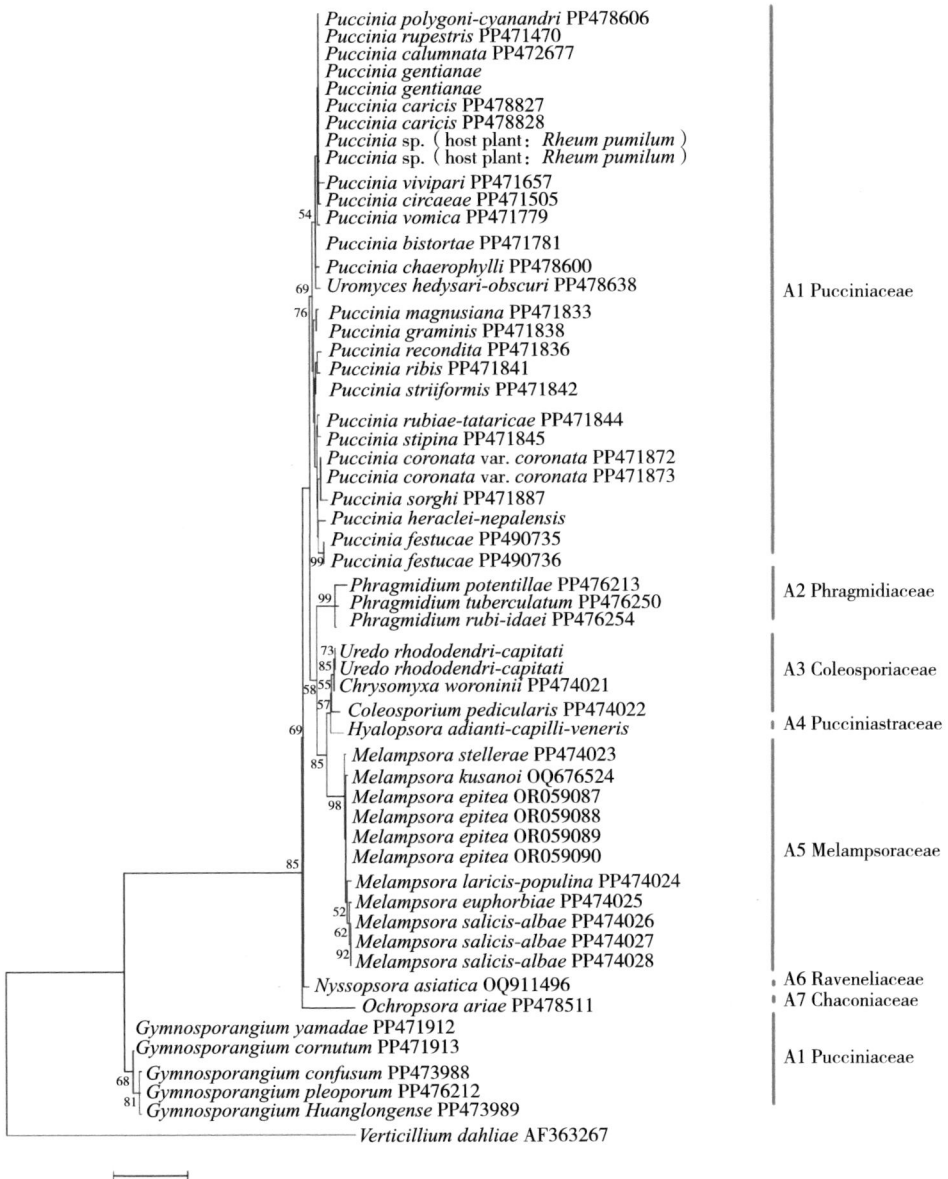

图4-1 r-DNA-ITS序列ML系统进化树

覆盆子多胞锈菌（*Phragmidium rubi-idaei*）聚为一支。A3为鞘锈菌科（Coleosporiaceae），其金锈菌属（*Chrysomyxa*）伏鲁宁金锈菌（*Chrysomyxa woroninii*）、夏孢锈菌属（*Uredo*）头花杜鹃夏孢锈菌（*Uredo rhododendri-capitati*）与鞘锈菌属（*Coleosporium*）马先蒿鞘锈菌

（*Coleosporium pedicularis*）聚为一枝。A4为膨痂锈菌科（Pucciniastraceae）、明痂锈菌属（*Hyalopsora*）、*Hyalopsora adianti-capilli-veneris*。A5为栅锈菌科（Melampsoraceae），11条栅锈菌属（*Melampsora*）锈菌聚为一支，分别为落叶松杨栅锈菌（*Melampsora larici-populina*）、柳叶栅锈菌（*Melampsora epitea*）、狼毒栅锈菌（*Melampsora stellerae*）、草野栅锈菌（*Melampsora kusanoi*）、大戟栅锈菌（*Melampsora euphorbiae*）、白柳栅锈菌（*Melampsora salicis-albae*）聚为一支。A6为伞锈菌科（Raveneliaceae）、花孢锈菌属（*Nyssopsora*）亚洲花孢锈菌（*Nyssopsora asiatica*）。A7为查科锈菌科（Chaconiaceae），其赭痂锈菌属（*Ochropsora*）白面子树赭痂锈菌（*Ochropsora ariae*）。

4.2 LSU序列聚类分析

基于60条LSU序列，构建ML系统发育树（图4-2）。从图4-2中可以看出，青海省主要林区锈菌可分为7科。A1为柄锈菌科（Pucciniaceae），其自上而下包括32条柄锈菌属（*uccinia*）P锈菌聚为一支，5条胶锈菌属（*Gymnosporangium*）锈菌聚为一支。分别为冠柄锈菌原变种（*Puccinia coronata* var. *Coronata*）、隐匿柄锈菌（*Puccinia recondita*）、马格纳斯柄锈菌（*Puccinia magnusiana*）、狼针草柄锈菌（*Puccinia stipina*）、高粱柄锈菌（*Puccinia sorghi*）、尼泊尔独活柄锈菌（*Puccinia heraclei-nepalensis*）、鞑靼茜草柄锈菌（*Puccinia rubiae-tataricae*）、茶藨子柄锈菌（*Puccinia ribis*）、狐茅柄锈菌（*Puccinia festucae*）、向日葵柄锈菌（*Puccinia helianthi*）、薹草柄锈菌（*Puccinia caricis*）、蔬食蓟柄锈菌（*Puccinia cnici-oleracei*）、细叶芹柄锈菌（*Puccinia chaerophylli*）、珠芽蓼柄锈菌（*Puccinia vivipari*）、头巾状柄锈菌（*Puccinia calumnata*）、石生薹草柄锈菌（*Puccinia rupestris*）、寄生于小大黄（*Rheum pumilum*）上的柄锈菌（*Puccinia* sp.）、拳参柄锈菌（*Puccinia bistortae*）、蓝药蓼柄锈菌（*Puccinia polygoni-cyanandri*）、龙胆柄锈菌（*Puccinia gentianae*）、寄生于掌叶橐吾（*Ligularia przewalskii*）上的柄锈菌属（*Puccinia* sp.）溃疡柄锈菌（*Puccinia vomica*）、异株薹草柄锈菌（*Puccinia dioicae*）、禾柄锈菌（*Puccinia graminis*）。角状胶锈菌（*Gymnosporangium cornutum*）、困惑胶

锈菌（*Gymnosporangium confusum*）、黄龙胶锈菌（*Gymnosporangium Huanglongense*）、*Gymnosporangium pleoporum*、*Gymnosporangium annulatum*。

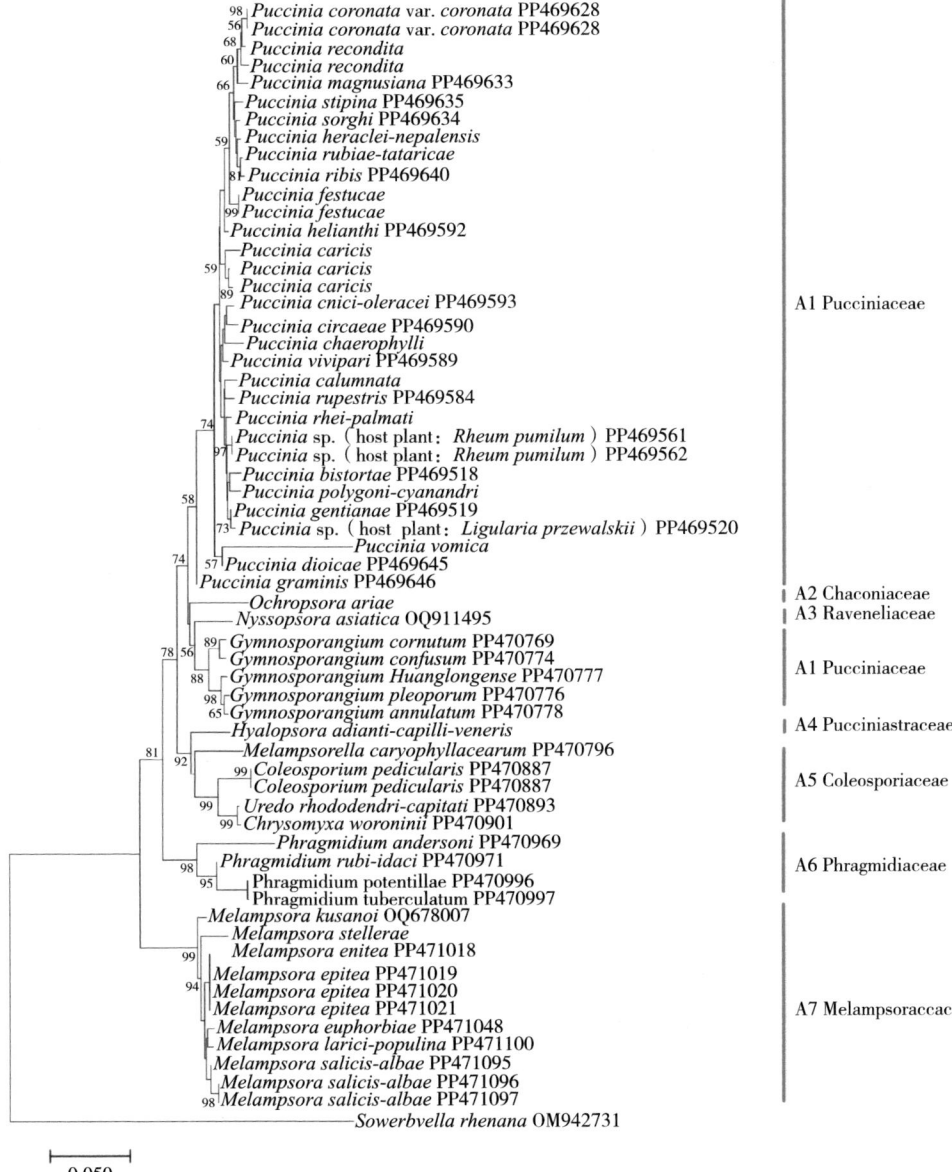

图4-2　r-DNA-LSU序列ML系统进化树

A2为查科锈菌科（Chaconiaceae），赭痂锈菌属（*Ochropsora*）白面子树赭痂锈菌（*Ochropsora ariae*）。A3为伞锈菌科（Raveneliaceae），花孢锈菌属（*Nyssopsora*）亚洲花孢锈菌（*Nyssopsora asiatica*）。A4为膨痂锈菌科（Pucciniastraceae），明痂锈菌属（*Hyalopsora*）、*Hyalopsora adianti-capilli-veneris*。A5为鞘锈菌科（Coleosporiaceae）鞘锈菌属（*Coleosporium*）、马先蒿鞘锈菌（*Coleosporium pedicularis*）、金锈菌属（*Chrysomyxa*）、伏鲁宁金锈菌（*Chrysomyxa woroninii*）与夏孢锈菌属（*Uredo*）头花杜鹃夏孢锈菌（*Uredo rhododendri-capitati*）锈菌聚为一支。A6为4条多胞锈菌科（Phragmidiaceae）多胞锈菌属（*hragmidium*）P锈菌聚为一支，分别为安德森多胞锈菌（*Phragmidium andersoni*）、覆盆子多胞锈菌（*Phragmidium rubi-idaei*）、委陵菜多胞锈菌（*Phragmidium potentillae*）、小瘤多胞锈菌（*Phragmidium tuberculatum*）。A7为11条栅锈菌科（Melampsoraceae）栅锈菌属（*Melampsora*）锈菌聚为一支，分别为草野栅锈菌（*Melampsora kusanoi*）、狼毒栅锈菌（*Melampsora stellerae*）、柳叶栅锈菌（*Melampsora epitea*）、大戟栅锈菌（*Melampsora euphorbiae*）、落叶松杨栅锈菌（*Melampsora larici-populina*）、白柳栅锈菌（*Melampsora salicis-albae*）。

参考文献

白锡川，朱燕，沈汉初，等，2012. 桑赤锈病的研究及防治进展[J]. 江苏蚕业，34（1）：9-13.

曹槟，2018. 中国胶锈菌属的分类及系统发育研究[D]. 北京：北京林业大学.

曹晶，2017. 中国金锈菌属分类学和分子系统发育研究[D]. 北京：北京林业大学.

曹支敏，2000. 锈菌分类演变及进展[J]. 西北林学院学报（2）：89-95.

曹支敏，李振岐，1999. 秦岭锈菌[M]. 北京：中国林业出版社.

曹支敏，杨俊秀，李振岐，1997. 秦岭森林锈菌区系[J]. 菌物系统，16（1）：17-23.

谌谟美，1979. 西藏森林植物锈菌区系初报[J]. 林业科学，15（1）：1-8.

程晶晶，康振生，黄丽丽，等，2015. 温室条件下条形柄锈菌体细胞重组的分子确证[J]. 菌物学报，34（6）：1128-1142.

戴芳澜，1979. 中国真菌总汇[M]. 北京：科学出版社.

邓叔群，1963. 中国的真菌[M]. 北京：科学出版社.

董雪云，王洪峰，张静文，2017. 帽儿山国家森林公园30年前后植物区系比较研究[J]. 西北植物学报，37（11）：2290-2299.

方太升，刘世骐，1992. 马尾松和黄山松疱锈病病原及转主的研究[J]. 真菌学报（3）：243-246.

郭佩佩，杨东，王慧，等，2013. 1960—2011年三江源地区气候变化及其对气候生产力的影响[J]. 生态学杂志，32（10）：2806-2814.

纪景欣，2017. 吉林省锈菌区系调查与6种锈菌生活史的研究[D]. 长春：吉林农业大学.

景耀，王培新，1988. 马尾松疱锈病菌及转主寄生的研究[J]. 真菌学报

（2）：112-115.

景耀，王培新，陈辉，等，1985. 马尾松疱锈病的初步调查研究[J]. 林业科技通讯（12）：23-26.

李滨，1987. 东北地区锈菌区系初步分析[C] // 中国植物学会真菌学会. 第二届全国真菌地衣学术讨论会学术报告及论文摘要汇编.

刘铁志，2020. 内蒙古锈菌志[M]. 北京：科学出版社.

楼黎静，白雪川，1997. 桑赤锈病流行与防治的研究[J]. 中国蚕业（4）：11-12.

吕国忠，2012. 植物病原菌物学——不能抛弃的形态分类与不能拒绝的分子分析[J]. 菌物学报，31（4）：461-464.

倪怡清子，李玉，刘淑艳，2023. 中国作物常见菌物病害及其病原名录——主要粮食和油料作物[J]. 菌物研究，21（4）：247-274，244.

裴明浩，尚衍重，1984. 青杨叶锈病（*Melampsora larici-populina* Kleb.）的研究[J]. 东北林学院学报（2）：40-49，185-186.

田呈明，曹支敏. 杨俊秀，等，1991. 太白山自然保护区乔灌木病原真菌区系初探[J]. 西北林学院学报，6（4）：34-38.

王湘国，2023. 三江源国家公园保护价值与管理模式[J]. 国家公园（中英文），1（1）：62-66.

王义弘，1982. 介绍几种植被分析方法[J]. 东北林学院学报（1）：142-159.

王云章，1951. 中国锈菌索引[M]. 北京：中国科学院.

王云章，藏穆，马启明，等，1983. 西藏真菌[M]. 北京：科学出版社.

王云章，魏淑霞，1983. 中国禾本科植物锈菌分类研究[M]. 北京：科学出版社.

吴征镒，周浙昆，李德铢，等，2003. 世界种子植物科的分布区类型系统[J]. 云南植物研究（3）：245-257.

徐梅卿，2020. 我国青杨叶锈病的研究概况和防治策略[J]. 温带林业研究，3（3）：1-5，20.

薛煜，1993. 北方森林的锈菌与锈病[D]. 哈尔滨：东北林业大学.

杨俊秀，田呈明，曹支敏，1992. 太白山林木真菌病害的垂直分布[J]. 林业科学，28（4）：311-316.

杨婷，2015. 广义膨痂锈菌属的系统分类学研究[D]. 北京：北京林业大学.

游崇娟，2012. 中国鞘锈菌的分类学和分子系统发育研究[D]. 北京：北京林业大学.

朱躲萍，叶辉，王军邦，等，2022. 青海三江源区高寒植被地表反照率变化及其辐射温度效应[J]. 生态学报，42（14）：5630-5641.

庄剑云，1983. 福建武夷山的锈菌[J]. 真菌学报，2（4）：237-241.

庄剑云，1989. 北疆荒漠的锈菌[J]. 真菌学报，8（4）：259-269.

庄剑云，1990. 关于阿尔泰山锈菌区系地理的讨论[C] // 中国植物学会真菌学会. 第三届全国真菌地衣学术讨论会论文汇编.

庄剑云，1992. 天山锈菌区系地理概述[C] // 中国植物学会真菌学会. 第三届中国国际真菌学会议论文（摘要）汇编.

庄剑云，1989. 北疆荒漠的锈菌[J]. 真菌学报，8（4）：259-269.

庄剑云，魏淑霞，王云章，1998. 中国真菌志·锈菌目Ⅰ[M]. 北京：科学出版社.

庄剑云，魏淑霞，王云章，2003. 中国真菌志·锈菌目Ⅱ[M]. 北京：科学出版社.

庄剑云，魏淑霞，王云章，2005. 中国真菌志·锈菌目Ⅲ[M]. 北京：科学出版社.

庄剑云，魏淑霞，王云章，2012. 中国真菌志·锈菌目Ⅳ[M]. 北京：科学出版社.

庄剑云，魏淑霞，王云章，2021. 中国真菌志·锈菌目Ⅴ[M]. 北京：科学出版社.

庄文颖，2011. 浅谈中国真菌研究[J]. 生物学通报，46（1）：1-5.

AHMAD S，1956. Uredinales of West Pakistan[J]. Biologia（Lahore），2：27-101.

AIME M C，BELL C D，WILSON A W，2018. Deconstructing the evolutionary complexity between rust fungi（Pucciniales）and their plant hosts [J]. Studies in Mycology，89：143-152.

AIME M C，2006. Toward resolving family-level relationships in rust fungi（Uredinales）[J]. Mycoscience，47（3）：112-122.

ARTHUR J C, CUMMINS G B, 1933. Rusts of the Northwest Himalayas[J]. Mycologia, 25: 397-406.

ARTHUR J C, 1907. Uredinales[J]. N. Amer. Flora, 7: 85.

ARTHUR J C, 1934. Manual of the Rusts in United States and Canada. (with supplement by G. B. Cu mmins) [M]. New Youk: Hafner.

AZBUKINA Z M, 1974. Rust fungi of the Soviet Far East[M]. Moscow: NAUKA.

AZBUKINA Z M, 2005. Plantae non Vasculares, Fungi et Bryopsidae Orientis Extremi Rossica Fungi. Tomus 5. Uredinales[M]. Vladivostok: Dalnauka.

BARNES C W, SZABO L J, 2007. Detection and identification of four common rust pathogens of cereals and grasses using real-time polymerase chain reaction[J]. Phytopathology, 97: 717-727.

BENNETT C, AIME M C, NEWCOMBE G, 2011. Molecular and pathogenic variation within *Melampsora* on Salix in western North America reveals numerous cryptic species[J]. Mycologia, 103(5): 1004-1018.

BRONGNIART A T, 1824. Mycologie[J]. Dict. Sci. Nat (33): 492-588.

CAO Z M, LI Z Q, ZHUANG J Y, 2000. Uredinales from the Qinling mountains[J]. Mycosystema, 19(1): 13-23.

CHEN M M, 1989. The rust flora of Sino-Himalayan forest[J]. Can. J. Bot., 67: 827-833.

CHUNG W H, ONO Y, KAKISHIMA M, 2003. Life cycle of *Uromyces appendiculatus* var. *Azukicola* on *Vigna angularis*[J]. Mycoscience, 44(6): 425-430.

CU M, 1971. The rust fungi of cereals, grasses and bamboos[M]. New York: Spring-Verlag.

CUMMIN G B, HIRATSUKA Y, 1984. Families of Uredinales[J]. Rept Tottori Mycol Inst, 22: 191-208.

CUMMINS G B, HIRATSUKA Y, 1983. Illustrated genera of rust fungi[M]. 2 th ed. American Phytopathological Society, St. Paul, Minnesota.

CUMMINS G B, HIRATSUKA Y, 2003. Illustrated genera of rust fungi [M]. 3 th ed. American Phytopathological Society, St. Paul, Minnesota

CUNNINGHAM G H, 1931. The rust fungi of New Zealand[M]. Dunedin: John Mcindoe.

DIETEL P, 1928. Hemibasidii (Ustilagiales und Uredinales) [J]. In A. Engler and K. Prantl Nat. Pflanzenfam, 10（4）: 182-193.

DURRIEU G, 1980. Uredinales of Nepal[J]. Crypt, M ycol., 1: 33-68.

FEAU N, VIALLE A, ALLAIRE M, et al., 2011. DNA barcoding in the rust genus *Chrysomyxa* and its implications for the phylogeny of the genus[J]. Mycologia, 103（6）: 1250-1266.

FRÉZAL L, LEBLOIS R, 2008. Four years of DNA barcoding: current advances and prospects[J]. Infection, Genetics and Evolution, 8: 727-736.

GÄUMANN E, 1949. Die pilze grundzüge ihrer entwicklungsgeschichte und morphologie[M]. Basel: Birkhäuser.

GAUMANN E, 1959. Die rostipilze mitteleuropas[M]. Bern: Buchdruckerei Buechler & Co.

GJAERUM H B, SUNDING P, 1986. Flora of macaronesia checklist of rust fungi. [J]. Sommerfeltia, 4: 1-42.

HALLING R E, 1983. A synopsis of *Marasmius* section Globulares (Tricholomataceae) in the United States[J]. Brittonia, 35: 317-326.

HANTULA J, KURKELA T, HENDRY S, et al., 2009. Morphological measurements and ITS sequences show that the new alder rust in Europe is conspecific with *Melampsoridium hiratsukanum* in eastern Asia[J]. Mycologia, 101（5）: 622-631.

HIRATSUKA N, 1941. Materials for a rust flora of Manchoukuo I[J]. Trans. Sapporo Nat., 16: 193-208.

HIRATSUKA N, 1942. Materials for a rust flora of Manchoukuo Ⅱ[J]. Trans. Sppporo Nat（17）: 77-81.

HIRATSUKA N, 1943. Uredinales of formosa[J]. Mem. Tottori Agr., 7:

1-90.

HIRATSUKA N, 1955. Uredinological studies[M]. Tokyo: Kasai Publ Co., 1-382.

HIRATSUKA Y, CUMMIN G B, 1963. Morphology of the spermogonia of the rust fungi[J]. Mycologia, 55: 487-507.

HYDE K D, ABD-ELSALAM K, CAI L, 2010. Morphology: still essential in a molecular world[J]. Mycotaxon, 114: 439-451.

IQBAL S H, KHALID A N, 1996. Material for the fungus flora of Pakistan. II. An updated check list of rust fungi (Uredinales) of Pakistan[J]. Sultania, 1: 39-67.

JØRSTAD, 1932. Note on uredinrae[J]. Nytr Mag. Nature, 70: 325-405.

KABAKTEPE S, MUTLU B, KARAKUS S, et al., 2016. *Puccinia marrubii* (Pucciniaceae) a new rust species on *Marrubium globosum* subsp *Globosum* from Nigde and Malatya in Turkey. [J]. Phytotaxa, 272 (4): 277-286.

KIRK P M, CANNON P F, MINTER D W, et al., 2008. Ainsworth & bisby's dictionary of the fungi[M]. 10 th ed. Oxon: CAB International.

KIRK P M, CANNON P F, MINTER D W, et al., 2008. Dictionary of the fungi[M]. 10th ed. UK: Wallingford.

KOBAYASHI T, 2007. Index of fungi inhabiting woody plants in Japan. Host, Distribution and Literature[J]. Index of Fungi Inhabiting Woody Plants in Japan: Host, Distribution and Liter: 1227.

LIANG Y M, 2006. Taxonomic evaluation of morphologically similar species of *Pucciniastrum* in Japan based on comparative analyses of molecular phylogeny and morphology[D]. Tsukuba, Japan: University of Tsukuba.

LIOU T N, WANG Y C, 1934. Materials for study on rust of China Ⅰ[J]. Contr. Inst. Bot. Nat. Acad. Peiping, 2: 151-164.

LIOU T N, WANG Y C, 1935. Materials for study on rust of China Ⅱ-Ⅴ[J]. Contr. Inst. Bot. Nat. Acad. Peiping, 3: 17-40.

LIOU T N, WANG Y C, 1936. Materials for study on rust of China Ⅵ[J].

Chinese Jour. Bot., 1: 69-82.

LIOU T N, WANG Y Z, 1934. Materials for study on rust of China I [J]. Contr. Inst. Bot. Nat. Acad. Peiping, 2: 151-164.

LIU M, HAMBLETON S, 2010. Taxonomic study of stripe rust, *Puccinia striiformis* sensu lato, based on molecular and morphological evidence[J]. Fungal Biology, 114: 881-899.

LIU M, HAMBLETON S, 2012. *Puccinia chunjii*, a close relative of the cereal stem rusts revealed by molecular phylogeny and morphological study[J]. Mycologia, 104（5）: 1056-1067.

LIU M, HAMBLETON S, 2013. Laying the foundation for a taxonomic review of *Puccinia coronata* s. l. in a phylogenetic context[J]. Mycological Progress, 12: 63-89.

LOHSOMBOON P, KAKISHIMA M, ONO Y, 1990. A revision of the genus Nyssopsora (Uredinales) [J]. Mycological Research, 7: 907-922.

MAIER W, BEGEROW D, WEISS M, et al., 2003. Phylogeny of the rust fungi: an approach using nuclear large subunit ribosomal DNA sequences[J]. Canadian Journal of Botany, 81（1）: 12-23.

MIYAKE I, 1912. Studien ü ber Chinesis che Pilze[J]. Bot. Mag. Tokyo, 26: 51-66.

MIYAKE I, 1913. Studien ü ber Chinesis che Pilze[J]. Bot. Mag. Tokyo, 27: 37-54.

MIYAKE I, 1914. Studien ü ber Chinesis che Pilze[J]. Bot. Mag. Tokyo, 28: 37-56.

NAKAMURA H, KANEKO S, YAMAOKA Y, et al., 1998. Differentiation of *Melampsora* rust species on willows in Japan using PCR-RFLP analysis of ITS regions of ribosomal DNA[J]. Mycoscience, 39: 105-113.

OKANE I, KAKISHIMA M, ONO Y, 1992. Uredinales collected in the Murree Hills, Pakistan[A]. Cryptogamic Flora of Pakistan, 1: 185-196.

ONO Y, 1990. Uredinales of Nepal[J]. Rept. Tottori Mycol. Inst., 28: 57-75.

ONO Y, 1992. Uredinales collected in the Kaghan Valley, Pakistan[A]. Cryptogamic Flora of Pakistan (Nakaike T and S M alik eds), 1: 217-240.

PATOUILLARD N, 1886. Champignons parasites de Phanerogames exotiques[J]. Rev Mycol, 8: 80-86.

PATOUILLARD N, 1886. Quelques champignons de la Chine récolté par M. l'abbé Delavay dans la province du Yunnan[J]. Rev Mycol, 8: 179-182.

PERSOON C H, 1801. Synopsis methodica fungorum[M]. Göttingen: Apud Henricum Dieterich.

ROY B A, VOGLER D R, BRUNS T D, et al., 1998. Cryptic species in the *Puccinia monoica* complex[J]. Mycologia, 90 (5): 846-853.

SABA M, KHALID A N, BERNDT R, 2012. *Hyalopsora nodispora* is the new holomorph name for Uredo capilli-veneris (Uredinales, Pucciniastraceae) from Pakistan[J]. Mycological Progress, 11: 967-969.

SAWADA K, 1943. Descriptive catalogue of the formosan fungi part IX[J]. Rep. Dept. Agric. Gov. Res. Inst Formosa Bull, 86: 1-178.

SINGH M, SINGH N, KHARE P B, et al., 2008. Antimicrobial activity of some important Adiantum species used traditionally in indigenous systems of medicine[J]. Ethnopharmacol, 115: 327-329.

SMITH J A, NEWCOMBE G, 2004. Molecular and morphological characterization of the willow rust fungus *Melampsora* epitea, from arctic and temperate hosts in North America[J]. Mycologia, 96 (6): 1330-1338.

SYDOW P, SYDOW H, 1904. Monographia *Uredinearum* Vol. Ⅰ. [M] Lipsiae: Fratres Borntraeger.

SYDOW P, SYDOW H, 1904. Monographia *Uredinearum* Vol. Ⅳ. [M] Lipsiae: Fratres Borntraeger.

SYDOW P, SYDOW H, 1910. Monographia *Uredinearum* Vol. Ⅱ. [M] Lipsiae: Fratres Borntraeger.

SYDOW P, SYDOW H, 1915. Monographia *Uredinearum* Vol. Ⅲ. [M] Lipsiae: Fratres Borntraeger.

TANNER R A, ELLISON C A, SEIER M K, et al., 2015. *Puccinia komarovii* var. *Glanduliferae* var. Nov.: a fungal agent for biological control of Himalayan balsam (*Impatiens glandulifera*) [J]. European Journal of Plant Pathology, 141: 247-266.

TAO S Q, CAO B, KAKISHIMA M, et al., 2020. Species diversity, taxonomy, and phylogeny of *Gymnosporangium* in China[J]. Mycologia, 112 (5): 941-973.

VIRTUDAZO E V, NAKAMURA H, KAKISHIMA M, 2001. Phylogenetic analysis of sugarcane rusts of ITS, 5.8S rDNA and D1/D2 regions of based on sequences LSU rDNA[J]. Journal of Genral Plant Pathology, 67: 28-36.

VOGLER D R, BRUNS T D, 1998. Phylogenetic relationships among the pine stem rust fungi (*Cronartium* and *peridermium* spp.) [J]. Mycologia, 90 (2): 244-257.

WANG Y C, 1949. Uredinales of Shensi[J]. Contr. Inst. Bot. Nat. Acad. Peiping, 6: 221-232.

WINGFIELD B D, ERICSON L, SZARO T, et al., 2004. Phylogenetic relationships in the Uredinales[J]. Australasian Plant Pathology, 33: 327-335.

YAO J N, ZHANG H C, ZHAO J, et, al., 2012. Histological and ultrastructural observation of teliospore formation in *Puccinia striiformis* f. sp. *Tritici*[J]. Mycosystema, 31 (4): 560-566.

YOU C J, YANG L J, TIAN C M, 2019. Resolving the phylogenetic position of *Caeoma* spp. that infect Rhododendron and Chrysomyxa from China[J]. Mycological Progress, 18: 1285-1299.

YUN H Y, HONG S G, ROSSMAN A Y, et al., 2009. The rust fungus *Gymnosporangium* in Korea including two new species, G. monticola and G. unicorne[J]. Mycologia, 101 (6): 790-809.

YUN H Y, MINNIS A M, KIM Y H, et al., 2011. The rust genus Fro mmeella revisited: a later synonym of Phragmidium after all[J]. Mycologia, 103 (6): 1451-1463.

ZAMBINO P J, SZABO L J, 1993. Phylogenetic relationships of selected cereal and grass rusts based on rDNA sequence analysis[J]. Mycologia, 85 (3): 401-414.

ZHANG N, ZHUANG J Y, WEI S X, 1997. Fungal flora of the Daba Mountains[J]. Uredinales. Mycotaxon, 61: 49-79.

ZHAO J, WANG L, WANG Z Y, et, al., 2013. Identification of eighteen Berberis species as alternate hosts of *Puccinia striiformis* f. sp. *tritici* and virulence variation in the pathogen isolates from natural infection of barberry plants in China[J]. Phytopathology, 103: 935-940.

ZHAO J, ZHANG H C, YAO J N, et, al., 2011. Confirmation of *Berberis* spp. as alternate hosts of *Puccinia striiformis* f. sp. *tritici* on wheat in China[J]. Mycosystema, 30 (6): 895-900.

ZHUANG J Y, 1986. Uredinales from East Himalaya[J]. Acta Mycol. Sin., 5: 138-155.

ZHUANG W Y, GUO Y L, WEN H A, et al., 1997. Fungal flora of the Daba Mountains[J]. Mycotaxon, 61: 1-79.